高等职业教育

计算机网络技术

专业教材

U0194573

HTML5+CSS3
网页设计与制作
项目化教程

主 编 范 佳 胡卓舒 冯 迎

副主编 谭祎炙 江 丽 刘德军 邓艳华

主 审 罗汝珍 李 军 王继良

中国水利水电出版社
www.waterpub.com.cn
·北京·

内容提要

本书以设计制作"大美湘西"网站项目为主线，采用由浅入深、循序渐进的方式，从基本概念、网站基本架构的设计与创建入手，系统地介绍了网页制作的相关技术；并以设计制作"我的家乡"网站项目作为拓展训练，加深学生对所学知识的理解，强化分析和解决问题的能力，激发创新能力。本书内容包括网页设计基础知识、制作图文网页、制作多媒体网页、制作表单网页、盒子布局排版、网页美化、布局和定位应用、网站平台与网站发布。

本书内容全面、条理清晰、可操作性强，可作为高职院校计算机、信息技术、电子商务等专业网页设计与制作课程的教材。

图书在版编目（CIP）数据

HTML5+CSS3网页设计与制作项目化教程 / 范佳，胡卓舒，冯迎主编. -- 北京：中国水利水电出版社，2024.3
高等职业教育计算机网络技术专业教材
ISBN 978-7-5226-2367-2

Ⅰ. ①H… Ⅱ. ①范… ②胡… ③冯… Ⅲ. ①超文本标记语言-程序设计-高等职业教育-教材②网页制作工具-高等职业教育-教材 Ⅳ. ①TP312.8②TP393.092.2

中国国家版本馆CIP数据核字(2024)第041659号

策划编辑：周益丹　责任编辑：鞠向超　加工编辑：刘瑜　封面设计：苏敏

书　　名	高等职业教育计算机网络技术专业教材 HTML5+CSS3 网页设计与制作项目化教程 HTML5+CSS3 WANGYE SHEJI YU ZHIZUO XIANGMUHUA JIAOCHENG
作　　者	主　编　范　佳　胡卓舒　冯　迎 副主编　谭祎炙　江　丽　刘德军　邓艳华 主　审　罗汝珍　李　军　王继良
出版发行	中国水利水电出版社 （北京市海淀区玉渊潭南路 1 号 D 座　100038） 网址：www.waterpub.com.cn E-mail：mchannel@263.net（答疑） 　　　　sales@mwr.gov.cn 电话：（010）68545888（营销中心）、82562819（组稿）
经　　售	北京科水图书销售有限公司 电话：（010）68545874、63202643 全国各地新华书店和相关出版物销售网点
排　　版	北京万水电子信息有限公司
印　　刷	三河市德贤弘印务有限公司
规　　格	184mm×260mm　16 开本　16 印张　370 千字
版　　次	2024 年 3 月第 1 版　2024 年 3 月第 1 次印刷
印　　数	0001—2000 册
定　　价	65.00 元

凡购买我社图书，如有缺页、倒页、脱页的，本社营销中心负责调换

编 委 会

前　　言

随着互联网技术的发展，一些 IT 相关的新概念层出不穷，如大数据、云计算、互联网 +、区块链等。总之，互联网已深入我们生活的方方面面。在这样的势头下，Web 前端技术快速发展起来，其中 HTML5 和 CSS3 的发展让网站的开发和维护变得更加简单高效。本书在总结已有网页设计与制作教材编写经验的基础上，调研了企业对 Web 前端工程师的技能需求，并结合职业院校学生的特点，与企业合作共同编写了本书。

本书特色如下：

- 内容以学生为中心，围绕 7 个项目 19 个任务展开，采用"以项目为驱动，以任务为导向，理论与实践一体化"教学方法，帮助学生全面提升实际开发水平和项目实战能力，以满足职业岗位的需求。
- 形式新颖，整体采用活页式编写风格，项目中的每个任务按课前、课中、课后的顺序安排相关内容，把理论知识与应用紧密结合，激发学生的学习兴趣。
- 由校企专家联合编写，书中融入的设计经验和技巧能让学生少走弯路，提高学习效率；书中案例贴近实际，讲解由浅入深、全面详尽。
- 配备丰富教学视频，课前可以观看任务整体介绍视频，了解任务要求和实施步骤；课中与课后可以观看任务具体实施过程视频，掌握任务中每个环节的基本要求和操作规范，培养实际动手能力。

本书由范佳、胡卓舒、冯迎任主编，谭祎炙、江丽、刘德军、邓艳华任副主编，罗汝珍、李军、王继良任主审，参与编写工作的还有曾羽琚、龙奇、刘艳辉、易春妮等。由于编者水平有限，书中难免存在疏漏之处，恳请读者批评指正。

编　者

2023 年 10 月

目　　录

基础

网页设计基础知识

在学习制作网页之前，有必要先了解一下网页与网站的基础知识、常用的网页制作工具、网站开发的工作流程等。请大家先通过关键词"网页""网站""开发流程"来了解网页设计相关的基础知识吧。

▶ 学习目标

知识目标
★ 了解网页设计的常用术语。

★ 了解网页所包含的基本元素。

★ 了解网页设计的常用技术。

★ 了解网页设计的常用工具。

★ 了解网站设计的原则。

★ 了解创建网站的步骤。

★ 掌握网站基本架构的设计与创建。

能力目标
★ 能理解网页设计的常用术语及其之间的相互关联与区别。

★ 能初步掌握一种网页设计工具的使用方法。

★ 能根据网站需求设计与创建网站的基本架构。

思政目标
★ 培养学生严谨、一丝不苟的工作态度。

★ 培养学生讲原则、守规则的工作作风。

♀ 思维导图

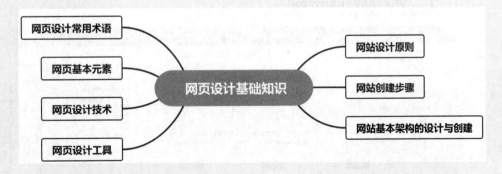

知识链接

1. 常用术语

（1）网页和网站。

网页是因特网的基本信息单位，英文为 Web Page，是用 HTML 语言编写的，能够通过网络传输并被浏览器翻译成可以显示的包含文字、图片、声音、动画等媒体形式的页面文件。

网站的英文为 Web Site，简单来说网站是多个网页的集合。

（2）静态网页和动态网页。

静态网页是指没有后台数据库、不含程序的网页。静态网页一般以 .htm、.html、.shtml、.xml 为扩展名，静态网页更新起来相对比较麻烦，适用于更新较少的展示型网站，如图 0-1 所示是一个以 .html 为扩展名的静态网页。

图 0-1 静态网页

动态网页是指服务器端有程序被执行的网页，一般以 .asp、.jsp、.php 等为扩展名。动态网页可以实现的功能较多，如用户注册、登录、在线调查、用户管理、订单管理、站内搜索、即时更新新闻、留言或书写评论等，如图 0-2 所示是一个以 .jsp 为扩展名的动态网页。

图 0-2 动态网页

（3）互联网、因特网和万维网。

互联网指由若干计算机网络相互连接而成的网络。互联网的英文是小写字母开头的 internet，它不是专有名字，泛指由多个计算机网络相互连接形成一个大型网络。

因特网和其他类似的由计算机相互连接而成的大型网络系统都可算是互联网，因特网是互联网中最大的一个，它使用 TCP/IP 协议让不同的设备可以彼此通信，它是由成千上万台设备组成的网络，它的英文为 Internet，它是一个专有名词，因而开头字母必须大写。因特网提供的主要服务有万维网、文件传输、电子邮件、远程登录等。

万维网是指环球信息网，英文为 World Wide Web，简称 WWW。万维网是基于 TCP/IP 协议实现的，是指在因特网上以超文本为基础形成的信息网，它为用户提供了一个可以轻松驾驭的图形化界面，用户通过它可以查阅因特网上的信息资源。

三者之间的关系如图 0-3 所示。

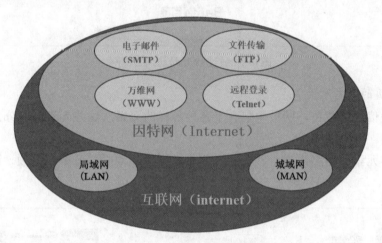

图 0-3　互联网、因特网和万维网

（4）超文本传输协议。因特网上应用最为广泛的网络协议是超文本传输协议（Hypertext Transfer Protocol，HTTP）。HTTP 是客户机上的浏览器或其他程序与网络服务器之间的应用层通信协议。在因特网上的网络服务器中存放的都是超文本信息，客户机需要通过 HTTP 传输所要访问的超文本信息。

（5）文件传输协议。文件传输协议（File Transfer Protocol，FTP）用于因特网上文件双向传输的控制。

（6）IP 地址和域名。互联网上的设备不计其数，那么我们是如何找到百度的首页并进行访问的呢？互联网上的每一个网络和每一个设备都具有一个独一无二的逻辑地址即网络地址，它就是由一串数字组成的 IP 地址。由于 IP 地址不方便记忆，因此人们可以为 IP 地址赋予一个具有代表性的名字即域名，如 www.baidu.com。域名和 IP 地址是可以相互替换使用的，如图 0-4 和图 0-5 所示，请注意浏览器地址栏中的内容。

（7）统一资源定位符。统一资源定位符（Uniform Resource Locator，URL）是对资源位置的一种表示，是互联网上标准资源的地址。互联网上的每个文件都有一个唯一的 URL，它包含的信息指出文件的位置以及浏览器应该怎么处理它。

图 0-4　通过域名访问百度网

图 0-5　通过 IP 地址访问百度网

2．网页的基本元素

网页是信息的载体，网页中包含了各种各样的元素，这些元素可以分为媒体元素和布局元素。

从媒体元素的角度出发，网页包含文本、图像、动画、音频、视频、链接等，如图 0-6 所示。

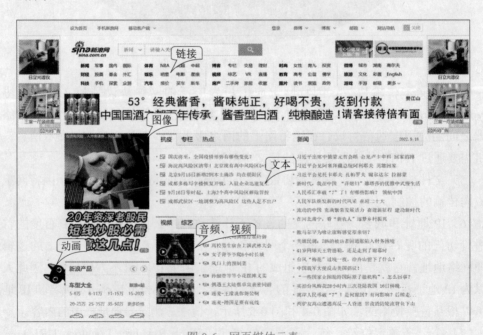

图 0-6　网页媒体元素

从布局元素的角度出发，网页包含页眉、主内容区和页脚等，如图 0-7 所示。

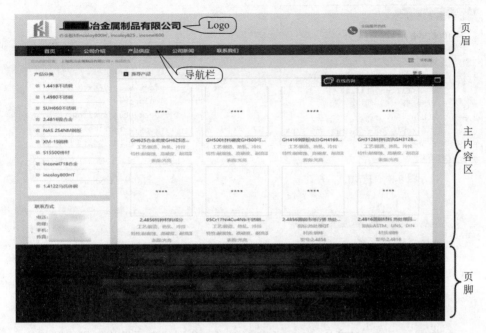

图 0-7　网页布局元素

（1）页眉。页眉是指页面中靠上面的部分，页眉部分经常用来放置网站 Logo、宣传标语、广告条、动画、导航栏等。

1）Logo。Logo 是指公司的徽标或商标，起到对公司的识别和推广作用。通过形象的 Logo 可以让消费者记住公司主体和品牌文化。

2）导航栏。导航栏是指位于页面顶部或者侧边区域的栏目超链接组合，起着链接网站各个页面的作用。它就像书的目录一样，浏览者可以通过它快速进入想要浏览的页面。

（2）主内容区。主内容区是网页的核心内容区域，主要由图片、文字和相应的视频元素组成。

（3）页脚。页脚位于网页的最底部，和页眉相呼应。页脚部分通常用来介绍网站所有者的具体信息，如名称、地址、联系方式、ICP 备案、网站版权、制作者信息等。

3．网页开发常用技术

（1）超文本标记语言。超文本标记语言（Hypertext Markup Language，HTML）是用来描述网页文档的一种标记语言，主要负责网页的"内容"部分，如图 0-8 所示。

（2）层叠样式表。层叠样式表（Cascading Style Sheets，CSS）可以有效地对页面的布局、字体、颜色、背景和其他效果实现更加精确的控制，使页面的外观变得更漂亮，如图 0-9 所示。

（3）JavaScript。JavaScript 是 Web 开发领域的一种功能强大的编程语言，主要用于开发交互式的网页，在计算机、手机等设备上浏览的网页，大多数的交互逻辑几乎都是由 JavaScript 实现的，如图 0-10 所示。

```
index.html
1    <!DOCTYPE html>
2  ⊟ <html>
3  ⊟     <head>
4            <meta charset="utf-8">
5            <title></title>
6        </head>
7  ⊟     <body>
8            <p>我的第一个HTML页面! </p>
9        </body>
10  └ </html>
```

图 0-8　HTML

```
css.css
1  ⊟ p{
2        font-size:16px;
3        color:red;
4        background:yellow;
5        font-weight:bold;
6        border:1px solid blue;
7  └ }
```

图 0-9　CSS

```
date.js
1    // 显示当前的日期和时间
2  ⊟ function showDate(){
3        document.getElementById('demo').innerHTML = Date()
4  └ }
```

图 0-10　JavaScript

对于制作网页而言，HTML、CSS 和 JavaScript 分别代表了结构、样式和行为，结构是网页的内容，样式是网页的外观，行为是网页的交互逻辑。

4. 网页开发常用工具

使用记事本即可进行网页开发，也可以使用带有代码提示和校验功能的工具如 HBuilder、Visual Studio Code 等进行网页开发，这些工具的使用能够有效提高开发的效率。

（1）记事本。Windows 系统自带的记事本是一种基于文本的编辑器，使用它可以编辑 HTML、CSS、JavaScript 等，在初学 HTML 时它是一个非常好的选择，其缺点是没有代码提示、检查等功能。

（2）HBuilder。HBuilder 是专门为前端打造的开发工具，其强大的代码助手能帮助我们快速完成开发，它的语法库和浏览器兼容性数据让浏览器碎片化问题得以解决，它支持 HTML、CSS、JavaScript、PHP 的快速开发，从开放注册以来就深受广大前端开发者的喜爱。

（3）Visual Studio Code。Visual Studio Code 是由微软研发的一款免费、开源的跨平台代码编辑器，其软件功能非常强大，界面简洁明晰，操作方便快捷，设计也很人性化。Visual Studio Code 是一种简化且高效的代码编辑器，同时支持调试、任务执行和版本管理等开发操作，它的目标是提供一种快速的编码编译调试工具。

（4）Dreamweaver。Dreamweaver 是一款所见即所得的网页编辑器，它不要求用户了解 HTML 知识，用户可通过页面预期效果进行简单的拖放布局来设计网页。Dreamweaver 不仅拥有所见即所得的可视化编辑环境，还提供了强大的 HTML 代码编写功能，其开发界面如图 0-11 所示。

5. 设计与创建网站基本架构

制作网页之前，应先设计网站的基本架构，网站基本架构的设计实质上是对网站做整体规划。规划做得越详尽后续工作的开展就越顺利，同时还可以避免一些错误的出现。设计网站的基本架构主要包括 5 个要素：确定网站的主题和名称、确定网站的栏目和版块、确定网站的目录结构和链接结构、确定网站的整体风格、确定网页的色彩搭配。

图 0-11　Dreamweaver 开发界面

（1）确定网站的主题和名称。

1）网站主题的确定。网站的主题主要是指整个网站向用户展示的内容，开发网站的第一步就是确定网站的主题。网站题材很丰富，包括旅行、娱乐、网上社区、求职、计算机技术、生活、时尚等，凡是我们能想到的都可以作为网站主题。下面是在选择网站主题时应注意的几点。

● 选择主题时的定位尽量要小，内容要做到全面、精辟。
● 选择自己感兴趣和擅长的内容，这样做起来更有动力，也容易有自己的见解，做出自己的特色。
● 不要选择网上随处可见的题材。
● 不要选择那些已经有做得非常好、知名度很高的案例的题材。

2）网站名称的选择。网站名称是网站很重要的组成部分，一个好的网站名称能让人印象深刻，并能起到很好的宣传和推广作用。我们在给网站取名时，应注意以下几点：

● 网站名称的用词要合法、合情、合理。
● 网站名称要易记，字数不要太多，要尽量简洁通俗、朗朗上口。
● 网站名称最好既能体现网站的特色，又和网站的主题紧扣。

（2）确定网站的栏目和版块。网站栏目可以理解为网站内容的大纲索引，其作用像书的目录一样，它要将网站的主体内容呈现给浏览者，让浏览者可以快速找到自己想要浏览的内容。我们在制定栏目时应注意以下几方面：

1）网站栏目要紧扣主题。可以先按一定的标准将主题分类，并将与主题相关度高的内容作为网站的主要栏目，将与主题相关度次之的内容作为网站的次要栏目。要注意的是，主要栏目个数一定要比次要栏目的个数多，且在数量上要占绝对优势，这样做能使网站的主题更加突出，也容易给人留下深刻的印象。网站栏目示例如图 0-12 所示。

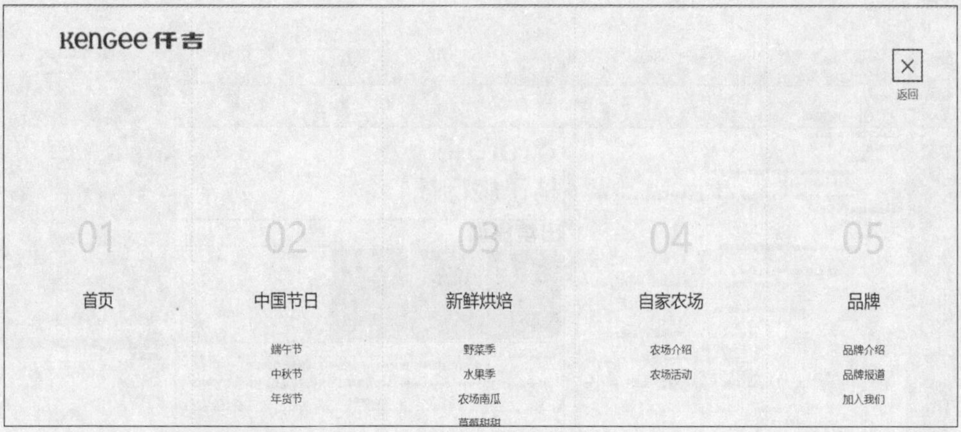

图 0-12　网站栏目示例

2）设立网站指南栏目。当网站的首页信息量大、层次较多，网站又没有设置站内搜索引擎时，可以考虑为网站设置一个"网站指南"栏目，这样可以帮助初次访问者快速找到他们想要访问的内容。

3）设立最近更新栏目。对于网站的常来访客，每次都要在各个栏目中去查看更新的内容是极为不便的，因此可以考虑为网站设立一个"最近更新"栏目，可以让常来访客快速找到最近更新的内容，使网站更加人性化。

4）设立资源下载栏目。如果网站拥有有价值的资源，不妨考虑设置一个"资源下载"栏目，这样肯定会受到用户的青睐。

5）设立常见问题回答栏目。对于网友们经常咨询的问题，我们可以考虑设立一个"常见问题回答"栏目，如图 0-13 所示，这既方便了网友，又可以节约自己的时间。

图 0-13　"常见问题回答"栏目示例

6）设立可以双向交流的栏目。在网站中设立一个如论坛、留言本等可以双向交流的栏目是很有必要的，这样可以使网站更有亲和力。

（3）确定网站的目录结构和链接结构。

1）确定网站的目录结构。网站目录结构的好坏对于浏览者而言并没有什么影响，但对于网站的维护人员来说目录结构的好坏对网站的维护、扩充及移植有着重要的影响。因此，在创建网站目录结构时应尽量做到以下几点：

- 为了不造成文件管理的混乱、影响上传速度，不要将所有文件都存放在根目录下，文件应该按文件夹分门别类地整理好。
- 按栏目内容建立子目录。首先按主要栏目建立对应的子目录，其他的次要栏目，如果内容较多、需要经常更新的，也可以建立独立的子目录。一些相关性强，不需要经常更新的栏目，可以合并放在一个统一的目录下。
- 在每个主目录下都建立独立的图片文件夹。
- 为了方便维护，目录的层次最好不超过3层。

小提示：在创建目录时，为了便于记忆和管理，不要使用中文目录名，文件名也不宜过长，尽可能使用意义明确的目录名。

2）确定网站的链接结构。在设计网站链接结构时有两个目标：一是让用户能够快速、方便地跳转到需要浏览的页面；二是让用户能清晰地知道自己在网站中所处的位置。

常用的网站链接结构有以下两种：

- 树状链接结构。树状链接结构类似于目录结构，用户从首页访问网站，由首页链接二级页面，由二级页面链接三级页面。用户对页面的浏览要按照层次顺序一层一层地进入或退出。树状链接结构的特点是条理清晰，访问者能明确知道自己所处的网站位置。但是这种链接结构的浏览效率低，若想从一个栏目下的子页面跳转到另一个栏目下的子页面，必须绕经首页。
- 星状链接结构。星状链接结构类似于网状结构，任意两个页面之间都有链接，用户可以随意在网页之间通过链接进行跳转。星状链接结构的特点是用户的浏览效率高，但容易"迷路"。

在实际网站设计中，我们会组合使用两种链接结构，在首页和二级页面之间用星状链接结构，在二级页面和三级页面之间用树状链接结构。

（4）确定网站的整体风格。网站风格是指网站给浏览者的综合感受，风格是独特的，它可以由网站的配色、版面布局、Logo、字体、交互性等诸多因素组成。

可以从以下几个方面来树立网站风格：

- 设计一个有特色的网站Logo，把它放在突出的位置，使它出现在每一个页面中。
- 设计一个朗朗上口的宣传标语，让它出现在网站显眼的位置。
- 网站的配色要有特色，既能很好地服务于网站内容，又能给人舒适的感觉。
- 页面的布局也是网站风格的体现。

（5）确定网页的色彩搭配。一个网站给人的第一印象首先来自它的配色，因此网站的色彩搭配比其他任何设计元素都重要。一个拥有漂亮色彩搭配的网站不但可以给人留下深刻的印象，而且可以产生很好的视觉效果。

网页中色彩的表达使用3种颜色：红（R）、绿（G）、蓝（B），其他色彩都是由这3种颜色调和而成的，因此把它们称为"三原色"，即通常所说的RGB色彩。HTML中的色彩是用0～255的数值表示的，例如红色用十进制表示为RGB（255，0，0），用十六进制表示为#FF0000。其他颜色对应的十进制数可参考色环图，如图0-14所示。

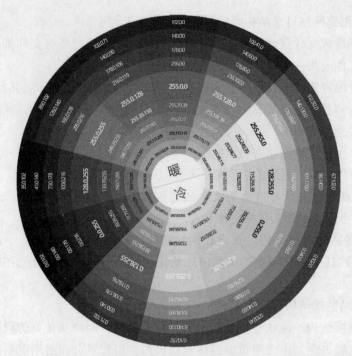

图 0-14　色环图

1）网页中常用的色彩搭配方法。

● 选择一种色彩，调整一下亮度或者纯度来进行搭配，如浅蓝、天蓝、湛蓝、深蓝。

● 明度高的色彩鲜亮，儿童、购物类网站可以选用一些鲜亮的颜色，让人感觉绚丽多姿、生机勃勃；明度低的颜色暗淡，游戏类网站可以选择明度低的色彩来营造神秘感。

● 可以选择有明度差的色彩进行搭配，这样更容易调和，如紫色与黄色、暗红与草绿、黑色与橙色等。

● 选择色环图中相邻的 3 种颜色进行搭配，这种方法叫相近色搭配，它能给人舒适、自然的视觉感受，能使页面更加和谐统一。

● 暖色与黑色搭配可以达到很好的效果，这种搭配一般适用于购物、儿童类网站，用以体现商品的琳琅满目、儿童的活泼等。

● 冷色与白色搭配可以达到很好的效果，这种搭配一般适用于高科技、游戏类网站，表达严肃、稳重等。

2）色彩搭配注意事项。

● 网站不能单一地运用一种颜色，那样会让人感觉单调、乏味，但是也不能将多种颜色都运用到网站中，那样会让人感觉太花哨。所以通常的做法是选择一种或两种主题色，把色彩尽量控制在 3 种以内。

● 背景颜色和文字颜色的对比尽量要大，绝对不要使用复杂的图案作为背景，要尽量突出文字内容。

学生分组

请同学们在表 0-1 中填写相关信息，我们将以分组的形式共同展开后续任务的学习。

表 0-1　学生分组

班级		组号		指导教师	
组长		学号			
组员	姓名	学号		姓名	学号

 课后练习

请同学们以介绍自己家乡为主题设计一个网站的基本架构，并将该网站的基本架构信息填入表 0-2 中。

表 0-2　"我的家乡"网站基本架构

网站主题	
网站名称	
网站栏目	
网站目录结构	
网站链接结构	
网站整体风格	
网页色彩搭配	

项目 1
制作图文网页

任务 1　制作"湘西风景"页面

任务 1 整体介绍

　　HTML5 是一种标记语言，使用标记标签描述页面。网页中的文本是传达信息的最基本元素，图像元素可以更形象地描述文本内容，还有音频、视频、动画、导航栏等。简单的网页中通常会使用图像、文本元素来呈现页面。网页中的元素可以通过文本标签、格式化标签、图像标签等显示在网页中，实现基本页面排版。本任务要制作"湘西风景"页面的图文内容，请大家通过检索关键词"张家界景区""张家界诗词"准备网页素材，触发本次学习任务。

学习目标

知识目标

★ 掌握 HTML5 中标签的使用方法。

★ 掌握标签中属性的使用方法。

★ 掌握 HTML5 中页面文档的编写方法。

★ 掌握文本标签、格式化标签的基本语法格式。

★ 掌握图像标签的基本语法格式。

能力目标

★ 能正确写出 HTML5 文档结构标签。

★ 能正确选择合适的文本标签编辑网页文本信息。

★ 能使用标签属性设置段落格式。

★ 能综合运用文本、图像标签实现页面内容。

★ 能综合运用所学知识制作出"湘西风景"页面。

思政目标

★ 培养学生的计算思维能力。

★ 培养学生的"绿水青山就是金山银山"的环保意识。

★ 培养学生的爱国爱家情怀。

★ 培养学生的全局观念和大局意识。

💡 思维导图

HTML5基础知识
- HTML5文档结构
- 文本标签
  - 标题标签 <h1>～<h6>
  - 段落标签 <p>
  - 换行标签
  - 水平线标签 <hr/>
  - 预格式化标签 <pre>
- 文本格式化标签
  - 强调标签 <b>、<strong>、<em>、<i>
  - 上下标文本标签 <sup>、<sub>
  - 插入、删除文本标签 <ins>、<del>
- 图像标签
  - <img>

📖 任务描述

按照图 1-1-1 所示的效果完成"湘西风景"页面景区图、景区介绍、诗词欣赏的制作。

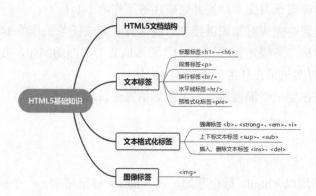

"湘西风景"页面制作

图 1-1-1　"湘西风景"页面效果

☞ **任务要求**

1．请同学们课前预习文本标签并完成任务工作单 1-1-1。

2．请同学们课中完成对知识链接部分的学习并完成任务工作单 1-1-2。

3．请同学们按任务描述完成图 1-1-1"湘西风景"页面的制作，并将制作过程中出现的问题及解决方案记录在任务工作单 1-1-3 中。

4．请同学们在完成"湘西风景"页面后填写评价表。

🔍 **知识链接**

1．HTML5 文档结构

HTML5 文档均以 <html> 标记开始，以 </html> 标记结束。一个完整的 HTML5 文档包含头部和主体两个部分，在头部标记 <head></head> 里可以定义标题、样式等，文档的主体标签 <body></body> 中的内容就是浏览器要显示的信息。网页就是由各种标签集合构成的，HTML5 文档基本结构的示例代码如下：

```
<!DOCTYPE html>
<html>
<head>
    <meta charset="utf-8" />
  <title> 我的第一个网页 </title>
</head>
<body>
  <p> 我的第一个网页！ </p>
  <hr/>
</body>
</html>
```

（1）元素与标签。元素指的是从开始标签到结束标签中的所有代码。例如，从 <head> 标签到 </head> 标签中的所有代码称为 <head> 元素。标签分为双标签和单标签。双标签成对出现，包括开始标签和结束标签，基本语法格式为 < 标记名 >...</ 标记名 >；单标签单独存在，基本语法格式为 < 标记名 />。

【例 1-1-1】我来写：请根据语法结构找一找并写下上面代码中的单标签和双标签。

（2）文档结构。HTML5 文档结构包括文档声明、头部元素和页面内容 3 个部分，具体结构如图 1-1-2 所示。

<!DOCTYPE html> 声明该文档为 HTML5 文档，<html> 元素是 HTML 页面的根元素，<head> 元素包含了文档的元（Meta）数据，如 <meta charset="utf-8"> 定义网页编码格式为 utf-8。

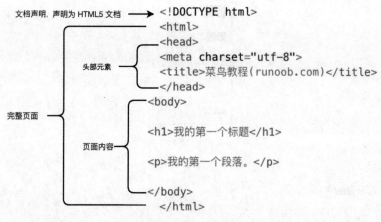

图 1-1-2　HTML5 文档结构

- <title> 元素描述了文档的标题。
- <body> 元素包含了可见的页面内容。
- <h1> 元素定义一个大标题。
- <p> 元素定义一个段落。

【例 1-1-2】我来写：请在网页编辑工具里写一写 HTML5 文档结构，并将难点写在下面。

2．文本标签

常用的文本标签包括标题标签、段落标签、换行标签、水平线标签、预格式化标签、特殊字符。

（1）标题标签 <h1> ～ <h6>。页面文档中的标题可以使文字具有清晰的结构，HTML5 文档中包含 1 ～ 6 级标题，各级标题文字大小依次递减，使用 <h1> ～ <h6> 标签设置。

标签语义：作为标题使用，并依据重要性递减。

基本语法：<h1>...</h1>（以 h1 为例）

标签特点：双标签；标题标签自带加粗效果，有自己的默认字体大小；默认独占一行显示；标题标签自带间距。

【例 1-1-3】我来写：按标题级别显示不同标题内容，效果如图 1-1-3 所示，请在空白处填写正确的代码。

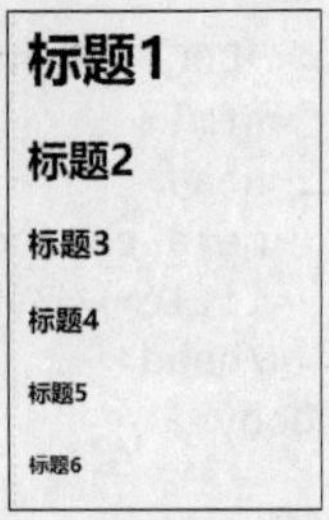

标题1

标题2

标题3

标题4

标题5

标题6

图 1-1-3　标题标签页面效果

代码如下：

```
<!DOCTYPE html>
<html>
  <head>
    <meta charset="utf-8">
    <title> 标题标签 h1 ～ h6</title>
  </head>
  <body>
    <h1> 标题 1</h1>
    _____
    _____
    _____
    _____
    _____
  </body>
</html>
```

（2）段落标签 <p>。段落标签 <p> 用于段落文字的显示，在开始标记和结束标记之间的文字形成一个段落，它是文本排版中非常重要的标签。

标签语义：可以把 HTML5 文档分割为若干段落。

基本语法：<p>...</p>

标签特点：双标签；默认独占一行显示；段落标签自带间距。

【例 1-1-4】我来写：按标题标签和段落标签显示文字内容，效果如图 1-1-4 所示，请在空白处填写正确的代码。

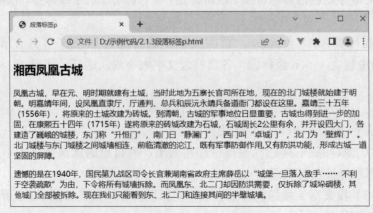

图 1-1-4　段落标签页面效果

代码如下：

```
<!DOCTYPE html>
<html>
  <head>
    <meta charset="utf-8">
    <title> 段落标签 p</title>
  </head>
  <body>
    <h2> 湘西凤凰古城 </h2>
    _____ 凤凰古城，早在元、明时期就建有土城，当时此地为五寨长官司所在地，现在
的北门城楼就始建于明朝…… _____
    <p> 遗憾的是在 1940 年，国民第九战区司令长官兼湖南省政府主席薛岳以 "城堡一旦落入
敌手……"</p>
  </body>
</html>
```

（3）换行标签
。在编辑 HTML5 文档时，按回车键不能起到换行的作用，只有使用换行标签
 才能在网页中显示换行效果。一个
 表示换一行，多个
 表示换多行，一般在段落等元素内部使用它。

标签语义：在块元素中进行强制性换行。

基本语法：...

标签特点：单标签；让文本换行显示。

【例 1-1-5】我来写：请在段落标签中加换行标签，效果如图 1-1-5 所示，在空白处填写正确的代码。

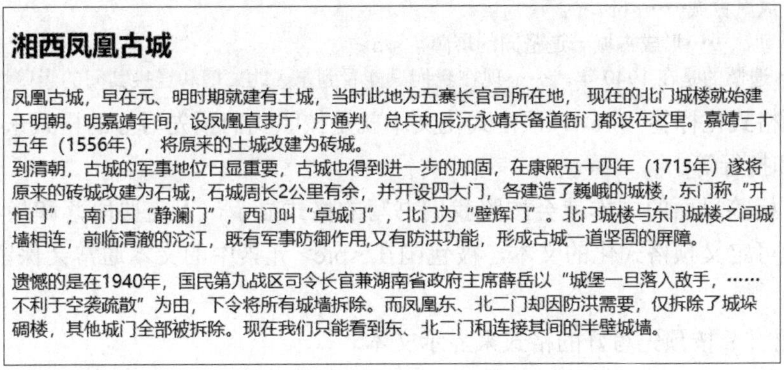

湘西凤凰古城

凤凰古城，早在元、明时期就建有土城，当时此地为五寨长官司所在地，现在的北门城楼就始建于明朝。明嘉靖年间，设凤凰直隶厅，厅通判、总兵和辰沅永靖兵备道衙门都设在这里。嘉靖三十五年（1556年），将原来的土城改建为砖城。
到清朝，古城的军事地位日显重要，古城也得到进一步的加固，在康熙五十四年（1715年）遂将原来的砖城改建为石城，石城周长2公里有余，并开设四大门，各建造了巍峨的城楼，东门称 "升恒门"，南门曰 "静澜门"，西门叫 "卓城门"，北门为 "壁辉门"。北门城楼与东门城楼之间城墙相连，前临清澈的沱江，既有军事防御作用，又有防洪功能，形成古城一道坚固的屏障。

遗憾的是在1940年，国民第九战区司令长官兼湖南省政府主席薛岳以 "城堡一旦落入敌手，……不利于空袭疏散" 为由，下令将所有城墙拆除。而凤凰东、北二门却因防洪需要，仅拆除了城垛碉楼，其他城门全部被拆除。现在我们只能看到东、北二门和连接其间的半壁城墙。

图 1-1-5　换行标签页面效果

代码如下：

```
<p> 凤凰古城，早在元、明时期就建有土城，当时此地为五寨长官司所在地，现在的北门
城楼就始建于明朝。……将原来的土城改建为砖城。_____
    到清朝，……既有军事防御作用，又有防洪功能，形成古城一道坚固的屏障。</p>
```

（4）水平线标签 <hr/>。水平线标签用来装饰网页效果或分隔内容。<hr/> 标签表示段落级元素之间的主题转换。例如，一个故事中场景的改变或一个章节主题的改变。在 HTML 的早期版本中，它是一条水平线。现在它仍能在可视化浏览器中表现为水平线，但是被定义为语义上的，而不是表现层面上。如果想画一条横线，请使用适当的 CSS

样式来修饰，这一点后面会详细介绍。

标签语义：在网页中创建一条水平线。

基本语法：...<hr/>

标签特点：单标签；让文本换行并添加一条水平线。

【例 1-1-6】我来写：请在段落标签中加水平线标签，效果如图 1-1-6 所示，在空白处填写正确的代码。

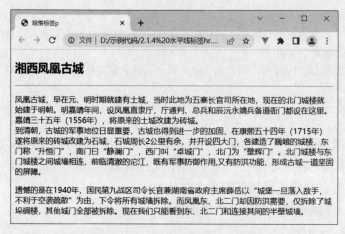

图 1-1-6　水平线标签页面效果

代码如下：

```
<h2> 湘西凤凰古城 </h2>
————
<p> 凤凰古城……<br />
到清朝，……形成古城一道坚固的屏障。</p>
<p> 遗憾的是在 1940 年，……现在我们只能看到东、北二门和连接其间的半壁城墙。</p>
```

（5）预格式化标签 <pre>。预格式化文本就是按照我们预先写好的格式来显示文本，保留空格和换行等。

<pre> 标签里面的文本就会按照我们书写的格式显示，不需要段落和换行标签了。<pre> 元素可定义预格式化的文本，被包围在 <pre> 元素中的文本通常会保留空格和换行符。

标签语义：按预先写好的格式来显示文本。

基本语法：<pre>...<pre/>

标签特点：双标签；让文本呈现为预先写好的格式。

【例 1-1-7】我来写：根据图 1-1-7 所示的效果在空白处填写正确的代码。

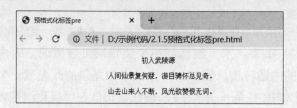

图 1-1-7　预格式化标签页面效果

代码如下：

```
<!DOCTYPE html>
<html>
  <head>
    <meta charset="utf-8">
    <title> 预格式化标签 pre</title>
  </head>
  <body>
  ＿＿＿＿＿＿
                 初入武陵源

        人间仙景复何疑，游目骋怀总见奇。

        山去山来人不断，风光欲赞恨无词。
  ＿＿＿＿＿＿
  </body>
</html>
```

【例 1-1-8】任务思考：写下你要实现效果的元素语法与功能，完成图 1-1-8 所示的诗词欣赏效果。

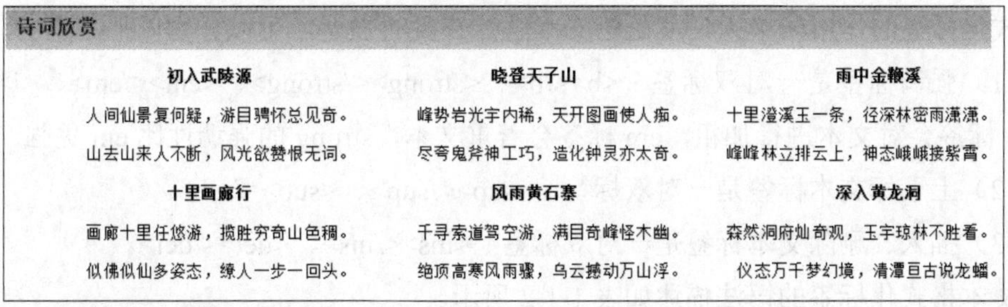

图 1-1-8　诗词欣赏效果

页面元素	元素语法与功能	示例
<pre> …</pre>		

（6）特殊字符。HTML5 中经常会用到一些特殊符号，例如左右箭头、空白、注册符号、版权符号等，这些符号可以直接用 HTML5 中的特殊符号来实现，常用的特殊符号如表 1-1-1 所示。

表 1-1-1　常用的特殊符号

代码	显示结果	描述
&lt;	<	小于号或显示标记
&gt;	>	大于号或显示标记
&amp;	&	可用于显示其他特殊字符
&quot;	"	引号
&reg;	®	已注册
&copy;	©	版权
&trade;	™	商标
		半个空白位
		一个空白位

3．文本格式化标签

网页中一些文本需要在语义和视觉上呈现出来，因此就需要文本格式化标签。文本格式化标签的作用简单来说就是对文本进行必要的强调，可以分为以下 3 类：

（1）强调标签是一对双标签：<b></b>、<strong></strong>、<em></em>、<i></i>，strong 标签会对文本进行加粗，em 标签会着重文本，strong 的强调性比 em 更强。

（2）上下标文本标签是一对双标签：、。

（3）插入、删除文本标签是一对双标签：<ins></ins>、<del></del>。

文本格式化标签的语法描述如表 1-1-2 所示。

表 1-1-2　文本格式化标签的语法描述

HTML 标签	语法	描述
<b>	<b>...</b>	定义粗体文本
<em>	<em>...</em>	定义着重文字
<i>	<i>...</i>	定义斜体字
<small>	<small>...</small>	定义小号字
<strong>	<strong>...</strong>	定义加重语气
<sub>	_{...}	定义下标字
<sup>	^{...}	定义上标字
<ins>	<ins>...</ins>	定义插入字
<del>	<del>...</del>	定义删除字

【例 1-1-9】我来写：根据图 1-1-9 所示的效果在空白处填写正确的代码。

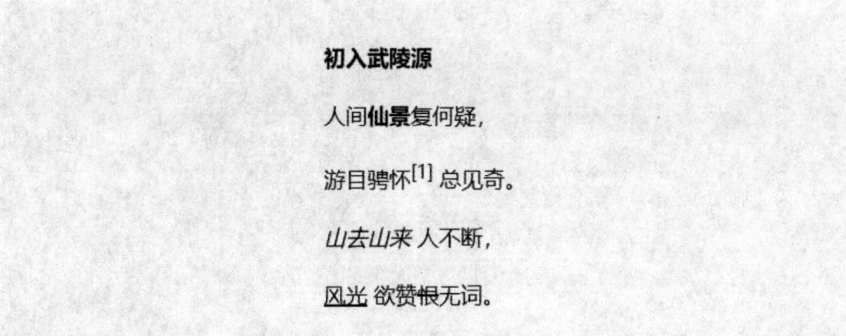

初入武陵源

人间**仙景**复何疑，

游目骋怀[1] 总见奇。

山去山来 人不断，

风光 欲赞**恨**无词。

图 1-1-9　文本格式化标签页面效果

代码如下：

```
<!DOCTYPE html>
<html>
  <head>
    <meta charset="utf-8">
    <title> 文本格式化标签 </title>
  </head>
  <body>

    <h4> 初入武陵源 </h4>
    <p>
      人间 _____ 仙景 _____ 复何疑，<br/><br/>
      游目骋怀 _____[1]_____ 总见奇。 <br/> <br/>
      _____ 山去山来 _____ 人不断，<br/><br/>
      _____ 风光 _____ 欲赞 _____ 恨 _____ 无词。<br/><br/>
    </p>
  </body>
</html>
```

4. 图像标签

图像标签 <img/> 可以在网页中嵌入一幅图像。从技术上讲，<img/> 标签并不会在网页中插入图像，而是从网页上链接图像。<img/> 标签创建的是被引用图像的占位空间。

基本语法：<img src=" 图像 url" alt=" 替换的文字 " />

<img/> 标签有两个属性：src 属性和 alt 属性。

src 属性是 <img/> 标签的必需属性，用于指定图像文件的路径，可以通过在 src 属性中写入图片的相对路径或绝对路径来达到在网页中显示图片的目的。

alt 属性的作用是当图像无法显示时用文字来代替图像显示。

【例 1-1-10】我来写：根据图 1-1-10 所示的效果完成正确的代码。

湘西凤凰古城

图 1-1-10　图像标签页面效果

代码如下：

```
<!DOCTYPE html>
<html>
  <head>
    <meta charset="utf-8">
    <title> 图像标签 </title>
  </head>
  <body>
    <h3> 湘西凤凰古城 </h3>
    <img _____="img/gucheng.png" />
  </body>
</html>
```

图像标签属性如表 1-1-3 所示。

表 1-1-3　图像标签属性

属性	值	描述
alt	text	规定图像的替代文本
src	URL	规定显示图像的 URL
align	top\bottom\middle\left\right	不推荐使用。规定如何根据周围的文本来排列图像
border	pixels	不推荐使用。定义图像周围的边框
height	pixels\%	定义图像的高度
hspace	pixels	不推荐使用。定义图像左侧和右侧的空白
align	top\bottom\middle\left\right	不推荐使用。规定如何根据周围的文本来排列图像。<img/> 标签的 align 属性定义了图像相对于周围元素的水平和垂直对齐方式
vspace	pixels	不推荐使用。定义图像顶部和底部空白
width	pixels\%	设置图像的宽度

【例 1-1-11】任务思考：尝试写代码，实现图 1-1-11 所示的效果。

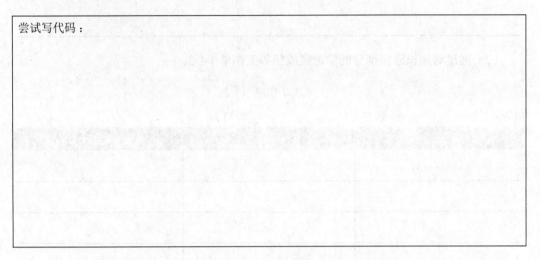

图 1-1-11　例 1-1-11 的效果

尝试写代码：

【例 1-1-12】任务思考：尝试写代码，实现图 1-1-12 所示的效果。

图 1-1-12　例 1-1-12 的效果

尝试写代码：

任务实施

（1）请同学们通过课前预习掌握 HTML5 文档结构及元素标签，完成任务工作单 1-1-1。

任务工作单 1-1-1

组号：　　　　　　　　姓名：　　　　　　　　　　学号：

HTML5 文档结构包括的 3 个部分	举例填写 HTML5 标签

（2）通过对知识链接部分的学习完成任务工作单 1-1-2。

任务工作单 1-1-2

组号：　　　　　　　　姓名：　　　　　　　　　　学号：

文本、图像标签	语法	示例（我来写）

（3）请同学们根据图 1-1-1 来制作"湘西风景"页面，并将制作过程中出现的问题、产生原因和解决方案记录在任务工作单 1-1-3 中。

任务工作单 1-1-3

组号：　　　　　　　　姓名：　　　　　　　　　　学号：

问题	产生原因	解决方案

评价反馈

评价表

任务编号	1-1	任务名称		制作"湘西风景"页面		
组名		姓名		学号		
评价项目				个人自评	小组互评	教师评价
课程表现	学习态度（5 分）					
	沟通合作（5 分）					
	回答问题（5 分）					
知识掌握	掌握 HTML5 文档基本结构的语法（5 分）					
	掌握文本标签、文本格式化标签语法（5 分）					
	掌握图像标签语法及属性（5 分）					
任务达成	页面整体显示效果是否与效果图相符，共计 10 分，有如下 4 种分值： 1. 高度一致得 10 分 2. 比较一致得 8 分 3. 基本一致得 6 分 4. 完全不同得 0 分					
	页面导航区显示是否符合要求，评分点如下： 1. 文本的设置是否正确（4 分） 2. 图像的显示是否正确（6 分）					
	能正确新建项目并在项目中配置相应的文件及文件夹（10 分）					
	页面主体区显示是否符合要求，评分点如下： 1. 景区介绍版块中文本、图像显示是否符合要求，不符合处扣 1 分（10 分） 2. 导航超链接中图片与文字的显示是否符合要求，不符合处扣 1 分（10 分） 3. 诗歌版块水平线和预格式化效果是否正确设置（10 分）					
	代码编写是否符合网页开发规范，评分点如下： 1. 命名规范：能做到见名知意（4 分） 2. 代码排版规范：缩进统一，方便阅读（2 分） 3. 注释规范：通过注释能清楚地知道页面各功能区代码及其样式代码的位置（4 分）					
得分						
经验总结 反馈建议						

任务2 制作"湘西风景"详情页面

在任务 1 中学习了 HTML5 基本结构、文本标签、图像标签，并制作出了"湘西风景"页面图文内容。接下来，如何让段落首行缩进、图片改变大小、点图片文字跳转页面、实现页面导航和美观排版是我们亟待解决的问题。本任务要制作"湘西风景"详情页面，请大家检索关键词"标签属性""超链接标签""样式"来触发本次学习任务。

学习目标

任务2整体介绍

知识目标

★ 掌握标签中属性的使用方法。

★ 掌握图像标签的属性。

★ 掌握超链接标签及其属性。

★ 掌握列表标签。

能力目标

★ 能正确使用段落标签属性设置样式。

★ 能灵活运用图像标签属性设置大小。

★ 能正确使用超链接标签完成文字、图像链接。

★ 能运用列表、图像标签制作导航栏。

思政目标

★ 培养学生的审美意识。

★ 培养学生精益求精的工匠精神。

★ 培养学生爱家乡的意识。

思维导图

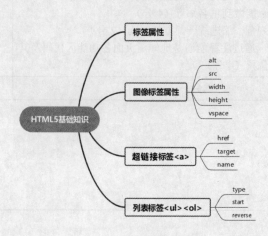

任务描述

按照图 1-2-1 所示的效果完成"湘西风景"详情页面制作。

"湘西风景"详情
页面制作

古城人文历史

国家级历史文化名城——凤凰古城始建于明代嘉靖三十五年(1556年),至今已有四百多年历史,古城历经沧桑,仍保存完好,古风依旧,新西兰作家路易·艾黎称之为**"中国最美丽的小城"**。古城依沱江而建,其规划具有鲜明的军事特征,城楼、古院和石板小街依山临水,与自然景观融为一体。沅水楚巫文化与外来文化在这里交汇,独特的地域文化孕育了熊希龄、田兴恕、陈渠珍、沈从文[1]、黄永玉[2]等一批杰出的人物。

旅游路线推荐

环城游览路线 夜游路线 水上游览路线

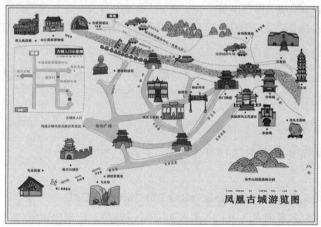

1. 环城游览路线

从古城南门开始,沿着沱江畔一路向北,经过沙塘桥、古城墙、千年古镇等景点,最后回到古城北门。这条路线全长约4公里,大约需要两个小时左右的时间。在这条路线上,游客可以欣赏到凤凰古城的历史文化和民俗风情,感受到这座城市的独特魅力。

2. 夜游路线

凤凰古城的夜景非常美,建议沿着沱江畔一路向南,经过古城南门、凤凰塔等景点,最后到达古城中心的天后宫广场。在这条路线上,游客可以欣赏到凤凰古城夜色中的美景,感受到这座城市的浪漫气息。

3. 水上游览路线

可以乘坐木筏漂流在沱江上,欣赏古城的风景和沱江两岸的自然景观。在这条路线上,游客可以近距离地感受到沱江的清澈和古城的美景,感受到这座城市的自然之美。

图 1-2-1 "湘西风景"详情页面效果

任务要求

1. 请同学们课中完成对知识链接部分的学习，并完成任务工作单 1-2-1。

2. 请同学们按任务描述使用标签属性、列表标签来进一步制作"湘西风景"详情页面，并完成任务工作单 1-2-2。

3. 请同学们在完成"湘西风景"详情页面后填写评价表。

知识链接

1. 标签属性

HTML 标签可以实现页面的结构内容，样式则用于设置页面内容的外观效果。如果要制作精美的页面效果，就要为页面添加样式。样式可以通过部分标签属性以及后面将会学到的 CSS 技术实现。现在要在页面中实现页面效果，可以通过标签属性设置常见的样式，如段落的首行缩进、图片的大小等。

大部分 HTML 标签都可以添加属性，常见的属性有宽度、高度、颜色、背景、字体等。标签可以拥有多个属性。属性由属性名和值成对出现。

属性的基本语法格式：

< 标签名 属性名 1=" 属性值 " 属性名 2=" 属性值 "...>

示例代码：

<img src="boat.gif" alt="Big Boat">

● 属性均放在相应标记的尖括号中，属性之间用空格分开。

● 属性之间没有先后顺序。

● 属性值由一对英文双引号（" "）引起来（在 HTML5 中，属性值必须用双引号引起来）。

2. 图像标签属性

<img/> 图像标签常用属性有 src、alt、height、width 等。

示例代码：

<img src="pulpit.jpg" alt="Pulpit rock" width="304" height="228">

● src 属性值是图像的 URL，指明网页中所要引用图像的位置，也就是指出引用图像文件的相对路径或绝对路径。

● alt 属性值是无法正常显示图片时的替代文本。

● width 和 height 属性值是规定的图像的宽度和高度，可以是像素或百分比，像素可以带单位（如 100px）或者不带单位（100），百分比的形式如 50%。

【例 1-2-1】我来写：根据图 1-2-2 所示的效果设置第一张图片的 alt 属性，第二张图片宽度为 400px，第三张图片高度为 50%。请在空白处填写正确的代码。

凤凰古城

图 1-2-2　图像标签属性效果

代码如下：

```
<!DOCTYPE html>
<html>
  <head>
    <meta charset="utf-8">
    <title></title>
  </head>
  <body>
    <h1> 凤凰古城 </h1>
    <img src="gucheng.png"  alt="_____"/>
    <img src="img/gucheng.png " alt=" 图片不存在 " _____/>
    <img src="img/gucheng.png " alt=" 图片不存在 " _____/>
  </body>
</html>
```

3．超链接标签 <a>

网页中用户单击文字或图片可以跳转到另一个页面的效果是通过 <a> 标签实现的。超链接可以是单个字、词、一张图片，当鼠标指针移动到这个对象上时单击该超链接就可以实现页面跳转。

<a> 标签的语法格式：

```
<a href="url" target=" 目标窗口的弹出方式 "> 链接文本 </a>
```

（1）<a> 标签属性。在 <a> 标签中，属性包括 href、target、name。href 属性用来描述链接的地址，target 属性用来描述链接页面的打开方式，name 属性用来指定锚的名称，具体属性如表 1-2-1 所示。

表 1-2-1　<a> 标签属性

属性	值	描述
href	URL	规定链接的目标 URL
name	section_name	HTML5 不支持，规定锚的名称

续表

属性	值	描述
target	_blank _parent _self _top framename	规定在何处打开目标 URL，仅在 href 属性存在时使用 _blank：在新窗口中打开 _parent：在父窗口中打开链接 _self：默认，当前页面跳转 _top：在当前窗口中打开，并替换当前的整个窗口（框架页）

【例 1-2-2】请查看图 1-2-3 所示的"湘西凤凰古城"超链接页面跳转的代码。

<u>湘西凤凰古城</u>

图 1-2-3   超链接标签属性效果

示例代码：

```
<a href="2.2.1 标签属性 .html"> 湘西凤凰古城 </a>
```

（2）锚点链接。锚点链接（也叫书签链接）常用于那些内容庞大烦琐的网页，通过单击锚点，不仅能指向文档，还能指向页面里的特定段落，更能当作精准链接的便利工具让链接对象接近焦点，便于浏览者查看网页内容。锚点类似于我们阅读书籍时的目录页码或章回提示，在需要指定到页面的特定部分时标记锚点是最佳的方法。

创建到命名锚记的链接的过程分为两步：创建命名锚记和链接到命名锚记。

● 使用 <a name =" 锚点名称 "></a> 创建命名锚记。

● 使用 <a href ="# 锚点名称 "> 链接文本 </a> 链接到命名锚记。

【例 1-2-3】我来写：请完成"湘西凤凰古城"锚点链接本页跳转。页面效果如图 1-2-4 所示，单击"湘西凤凰古城"文字跳转到图片标题位置。

部分代码如下：

```
<h1><a href="_____"> 湘西凤凰古城 </a></h1>

<h2> 张家界森林公园 </h2>
<img src="img/slgy.jpg" width="460" />

<h2> 天子山自然保护区 </h2>
<img src="img/tzs.jpg" />

<h2><a name="C4"> 湘西凤凰古城 </a></h2>
<img src="img/gucheng.png" width="460" />
```

4. 列表标签

使用列表标签可以有序地排列页面信息，不仅可以使页面内容清晰明了，还能在页面排版上有间距和对齐等美化效果。列表标签分为无序列表标签 <ul> 和有序列表标签 <ol>。

湘西凤凰古城

张家界森林公园

天子山自然保护区

湘西凤凰古城

图 1-2-4　锚点链接效果

（1）无序列表标签 <ul>。无序列表是一个项目的列表，此列项目经常使用粗体圆点（典型的小黑圆圈）进行标记。无序列表始于 <ul> 标签，内部的每个列表项始于 <li> 标签，其语法格式如下：

```
<ul>
    <li> 列表项 1</li>
    <li> 列表项 2</li>
    ...
</ul>
```

（2）有序列表标签 <ol>。有序列表也是一列项目，列表项目使用数字进行标记。有序列表始于 <ol> 标签，内部的每个列表项始于 <li> 标签，列表项最常使用数字来标记，其语法格式如下：

```
<ol>
    <li> 列表项 1</li>
    <li> 列表项 2</li>
    ...
</ol>
```

【例 1-2-4】我来写：请完成景区介绍无序列表和诗词标题有序列表的代码，效果如图 1-2-5 所示。

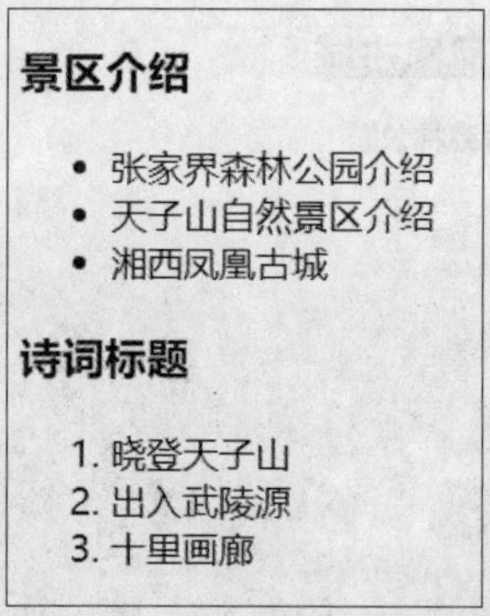

景区介绍

- 张家界森林公园介绍
- 天子山自然景区介绍
- 湘西凤凰古城

诗词标题

1. 晓登天子山
2. 出入武陵源
3. 十里画廊

图 1-2-5　列表标签效果

代码如下：

```
<!DOCTYPE html>
<html>
  <head>
    <meta charset="utf-8">
    <title></title>
  </head>
  <body>
    <h3> 景区介绍 </h3>
    _____
    <li> 张家界森林公园介绍 </li>
    <li> 天子山自然景区介绍 </li>
    <li> 湘西凤凰古城 </li>
    _____
    <h3> 诗词标题 </h3>
    _____
    <li> 晓登天子山 </li>
    <li> 出入武陵源 </li>
    <li> 十里画廊 </li>
    _____
  </body>
</html>
```

（3）<ol> 标签属性。<ol> 标签属性如表 1-2-2 所示，可以参照如下语法格式：

```
<ol  type="I" start="3">
    <li> 列表项 1</li>
    <li> 列表项 2</li>
    ...
</ol>
```

表 1-2-2　<ol> 标签属性

属性	值	描述
reversedNew	reversed	指定列表倒序，如 9、8、7、…
start	number	一个整数值属性，指定了列表编号的起始值。这个属性在 HTML4 中弃用，但是在 HTML5 中被重新引入

续表

属性	值	描述
type	a 表示小写英文字母编号 A 表示大写英文字母编号 i 表示小写罗马数字编号 I 表示大写罗马数字编号 1 表示数字编号（默认）	规定列表的类型

📚 **任务实施**

（1）请同学们通过课前预习掌握图像标签属性，完成任务工作单 1-2-1。

任务工作单 1-2-1

组号：　　　　　　姓名：　　　　　　学号：

图像标签属性名称	属性值及描述

（2）通过对知识链接部分的学习完成任务工作单 1-2-2。

任务工作单 1-2-2

组号：　　　　　　姓名：　　　　　　学号：

超链接、列表标签	语法	示例（我来写）

（3）请同学们根据图 1-2-1 "湘西风景" 详情页面设置图片大小、文字超链接、导航文字，并将制作过程中出现的问题、产生原因和解决方案记录在任务工作单 1-2-3 中。

任务工作单 1-2-3

组号：　　　　　　姓名：　　　　　　学号：

问题	产生原因	解决方案

📚 评价反馈

评价表

任务编号	1-2	任务名称		制作"湘西风景"详情页面		
组名		姓名		学号		
评价项目				个人自评	小组互评	教师评价
课程表现	学习态度（5分）					
	沟通合作（5分）					
	回答问题（5分）					
知识掌握	掌握图像标签的语法及属性（5分）					
	掌握超链接标签的语法及属性（5分）					
	掌握列表标签的语法及属性（5分）					
任务达成	页面整体显示效果是否与效果图相符，共计10分，有如下4种分值： 1.高度一致得10分 2.比较一致得8分 3.基本一致得6分 4.完全不同得0分					
	页面导航区显示是否符合要求，评分点如下： 1.文本超链接的设置是否正确（4分） 2.图像的宽度和高度是否正确（6分）					
	能正确新建项目并在项目中配置相应的文件及文件夹（10分）					
	页面主体区显示是否符合要求，评分点如下： 1.凤凰古城人文历史版块中文本、图像大小是否符合要求，不符合处扣1分（10分） 2.旅游路线中图片与文字的显示是否符合要求，不符合处扣1分（10分） 3.导航超链接、旅游路线超链接是否正确设置（10分） 4.页面整体布局效果（包括颜色、边距等）是否符合页面要求（10分）					
	代码编写是否符合网页开发规范，评分点如下： 1.命名规范：能做到见名知意（4分） 2.代码排版规范：缩进统一，方便阅读（2分） 3.注释规范：通过注释能清楚地知道页面各功能区代码及其样式代码的位置（4分）					
得分						
经验总结反馈建议						

34

任务 3 设计并制作"我的家乡"风景页面

在任务 1 和任务 2 中学习了 HTML5 基本标签知识，制作并美化了页面图文内容。本任务为设计并制作"我的家乡"风景页面，请检索关键词"家乡风景"来触发本次学习任务。

学习目标

知识目标

★ 掌握标签中属性的使用方法。

★ 掌握文本、图像标签的属性。

★ 掌握超链接标签及其属性。

★ 掌握列表标签及其属性。

能力目标

★ 能正确使用段落标签属性设置样式。

★ 能灵活运用图像标签属性设置大小。

★ 能正确使用超链接标签完成文字、图像链接。

★ 能运用列表、图像标签制作导航栏。

思政目标

★ 培养学生的审美意识。

★ 培养学生精益求精的工匠精神。

★ 培养学生爱家乡的意识。

任务 3 整体介绍

任务描述

刘同学运用所学的 HTML5 页面图片、文本元素完成了"我的家乡"风景页面——"神农架国家森林公园"页面的制作，效果如图 1-3-1 所示。请大家参考本页面设计并制作"我的家乡"风景页面。

任务要求

1．请同学们课中完成对知识链接部分的学习，并完成任务工作单 1-3-1。

2．请同学们按任务描述使用标签属性、列表标签来进一步美化"湘西风景"页面，并完成任务工作单 1-3-2。

3．请同学们在完成"我的家乡"风景页面后填写评价表。

图 1-3-1　"神农架国家森林公园"页面效果

知识链接

1. HTML5 基本标签

<!--..-->：定义 HTML 注释（CSS 中注释用 /*...*/ 格式）。

<html>：HTML5 文档的根元素，允许省略（不建议省略）。

<head>：HTML5 文档的页面头部分，允许省略（不建议省略）。

<title>：HTML5 文档页面标题。

<body>：HTML5 文档页面主体部分。

<title>：定义标题。

<p>：定义段落。

：插入一个换行。

<h>：水平线，表示主题结束。

<div>：HTML5 文档中的节。

<span>：与 <div> 类似，表示一般性文本，为内联元素。

2. 文本格式标签

<b>：粗体文本。

<i>：斜体文本。

<em>：表示强调，样式也是斜体。

<strong>：粗体文本，与 <b> 用法类似。

<small>：小号字体文本。

<sup>：上标文本。

<sub>：下标文本。

3. 标签属性

如果想让HTML5文档显示出更多样式，仅依靠HTML标记的默认属性值是不够的，需要通过设置 HTML5 标记的属性来实现，其语法格式如下：

< 标记名 属性 1=" 属性 1 值 " 属性 2=" 属性 2 值 "...> 内容 </ 标记名 >

例如：

<h1 align="center"> 居中 </h1>
<body bgcolor="yellow"> 背景颜色为黄色 </body>

请你查询资料，试着在表 1-3-1 中写出 <body> 标记的常用属性含义、文本及图片标记的常用属性。

表 1-3-1　属性及描述

属性	描述（属性值及含义）	属性	描述（属性值及含义）
bgcolor		topmargin	
background		align	
leftmargin		text	

4. HTML5 新增语义元素

<mark>：标记重点。

<time>：标注时间。

datetime：提供格式化的时间，内容本身格式标准时可以使用此属性。

pubdate：指示 <time> 元素中的日期 / 时间是文档（或最近的前辈 <article> 元素）的发布日期。

<details> 与 <summary>：摘要与详情，如果摘要放在详情里，则摘要可见，单击摘要可以显示详情。

<ruby>、<rtc>、<rb>、<rt> 和 <rp>：用于为东亚文字定义解释。

<bdi>：将一段文本隔离出来设置属性。

<wbr>：建议换行，可在单词中间换行。

<menu> 和 <menuitem>：用来定义菜单和菜单项（暂无浏览器支持），支持如下属性：

● type：3 个值，即 radio、checkbox、command（默认值）。

- label：指定菜单项文本。
- icon：指定菜单项图标。
- disabled：指定菜单项是否不可用。
- checked：type 为 checkbox 或 radio 时有意义。
- radiogroup：type 为 radio 时有意义，指定菜单项所属分组。
- default：指定默认菜单项。

示例代码如下：

```
这是一个 <mark> 重点 </mark>
<time pubdate="true" datetime="2022-2-21 22:05">2021-2-21 22: 05</time>
<details>
<summary> 摘要 </ summary>
这是详情
</details>
<ruby>
<rb> 饕 </rb>
<rp>(</rp>
<rt>tao</rt>
<rp>)</rp>
<rb> 餮 </rb>
<rp>(</rp>
<rt>tie</rt>
<rp>)</rp>
</ruby>
```

任务实施

（1）通过对知识链接部分的学习请对照任务工作单 1-3-1 中要求的效果写出对应的代码。

任务工作单 1-3-1

学习组别		组长		日期	

分步骤制作"神农架国家森林公园"页面

页眉效果	神农架国家森林公园 SHENNONGJIA NATIONAL FOREST PARK 首页　地理环境　特色景观　交通路线
页眉代码	```<header> <img src="img/head.png" width="1000px" /> <img src="img/line.png" width="1000px"/> <nav> <a href="#">首页</a> <a href="#">地理环境</a> <a href="#">特色景观</a> <a href="#">交通路线</a> </nav></header>```

页面主体 部分效果	 神农架国家森林公园位于湖北省西北部，由房县、兴山、巴东三县边缘地带组成，面积3250平方公里，林地占85%以上，森林覆盖率69.5%。区内居住着汉、土家、回等民族，人口近8万，由天燕景区、古犀牛洞震区组成，是以原始森林风光为背景，以神农氏传说和纯朴的山林文化为内涵，集奇树、奇花、奇洞、奇峰与山民奇风异俗为一体，以反映原始悠古、猎奇探秘为主题的原始生态旅游区。 **中文名** 神农架国家森林　　**公园开放时间** 全天 **地理位置** 湖北省西北部　　**占地面积** 3250 km^2 **气候条件** 亚热带季风气候　　**著名景点** 塔坪村、神农氏遗迹等 **地理环境** **位置** 　　神农架国家森林公园位于湖北省西北部，由房县、兴山、巴东三县边缘地带组成，面积3250平方公里，林地占85%以上，森林覆盖率69.5%。区内居住着汉、土家、回等民族，人口近8万。神农架最高峰神农顶海拔3105.4米，最低处海拔398米，平方海拔1700米，3000米以上山峰有6座，被誉为"华中屋脊"。 **地貌** 　　神农架国家森林公园从印支运动末至燕山运动初，发生了强烈的褶皱和大面积的掀斜，奠定了区内的地貌骨架。林区山峦迭嶂，沟壑纵横，河谷深切，山坡陡峻，地势西南 高东北低。根据区内地貌形态特征和成因类型，可分为构造溶蚀地貌、溶蚀侵蚀地貌、剥蚀侵蚀地貌、堆积地貌等四种类 型的地貌单元。 **交通路线** 　　神农架交通以公路为主，二零九国道，白（白果树）红（红花朵）省道，酒（酒壶坪）九（九湖）区道彼此联系。境内公路全长1300多公里，贯穿全区南北东西，并与襄樊、十堰、宜昌、兴山、巴东等市县公路联成网络。 　　从武汉去神农架可以在新华路长途汽车站乘长途车，每天晚8点有一班从武汉发往兴山县的卧铺车，第二日早6点到兴山县，兴山有小巴车可到达神农架木鱼镇（60公里），每半小时有一班车。也可以从武汉坐火车先到十堰（晚上十点的火车，早上六点多钟到十堰），然后到汽车站搭七点半的客车，中午就可以到神农架了。

页面主体
部分代码
	<pre><section style="height:266px;font-size:16px;background-color:#D8D8EB;">
	    <img src="img/1.jpg" height="236px" align="left" style="padding:15px;"/>
	    <p>
      神农架国家森林公园位于湖北省西北部，由房县、
	        兴山、巴东三县边缘地带组成，面积3250平方公里，林地占85%以上，森林覆盖率69.5%。区内居住着汉、土家、回等民族，
	        人口近8万，由天燕景区、古犀牛洞震区组成，是以原始森林风光为背景，以神农氏传说和纯朴的山林文化为内涵，集奇树、奇花、
	        奇洞、奇峰与山民奇风异俗为一体，以反映原始悠古、猎奇探秘为主题的原始生态旅游区。
	    </p>
	    <ul style="list-style: none;">
	        <li><pre><b>中文名</b> 神农架国家森林 <b>公园开放时间</b> 全天</pre>
	        </li>
	        <li><pre><b>地理位置</b> 湖北省西北部 <b>占地面积</b> 3250 km<sup>2</sup></pre>
	        </li>
	        <li><pre><b>气候条件</b> 亚热带季风气候 <b>著名景点</b> 塔坪村、神农氏遗迹等</pre>
	        </li>
	    </ul>
	</section>
	<section style="height:320px;font-size:16px;background-color:#D8D8EB;">
	    <h2>地理环境</h2>
	    <h3>位置</h3>
	    <p> 神农架国家森林公园位于湖北省西北部，由房县、
	        兴山、巴东三县边缘地带组成，面积3250平方公里，林地占85%以上，森林覆盖率69.5%。区内居住着汉、土家、回等
	        民族，人口近8万。神农架最高峰神农顶海拔3105.4米，最低处海拔398米，平方海拔1700米，3000米以上山峰有6座，
	        被誉为"华中屋脊"。
	    </p>
	    <h3>地貌</h3>
	    <p> 神农架国家森林公园从印支运动末至燕山运动初，
	        发生了强烈的褶皱和大面积的掀斜，奠定了区内的地貌骨架。林区山峦迭嶂，沟壑纵横，河谷深切，山坡陡峻，地势西南
	        高东北低。根据区内地貌形态特征和成因类型，可分为构造溶蚀地貌、溶蚀侵蚀地貌、剥蚀侵蚀地貌、堆积地貌等四种类
	        型的地貌单元。
	    </p>
	</section>
	
	<section style="height:280px;font-size:16px;background-color:#D8D8EB;">
	    <h2>交通路线</h2>
	    <p>
	        <img src="img/map.jpg" width="300px" align="right"/>
	                神农架交通以公路为主，二零九国道，白（白果树）
	        红（红花朵）省道，酒（酒壶坪）九（九湖）区道彼此联系。境内公路全长1300多公里，贯穿全区南北东西。并与襄樊、
	        十堰、宜昌、兴山、巴东等市县公路联成网络。
	
	
	                从武汉去神农架可以在新华路长途汽车站乘长途车，
	        每天晚8点有一班从武汉发往兴山县的卧铺车，第二日早6点到兴山县，兴山有小巴车可到达神农架木鱼镇（60公里），每
	        半小时有一班车。也可以从武汉坐火车先到十堰（晚上十点的火车，早上六点多钟到十堰），然后到汽车站搭七点半的客车，
	        中午就可以到神农架了。
	    </p>
	</section></pre>

页脚部分 效果	

页脚部分
代码
	<pre><footer style="text-align: center;background-color:#A9716B;">
	    <small>友情链接：中国旅游网 | 张家界旅游网 | 九寨沟旅游网 | 黄山旅游
	网 | 桂林旅游网</small>
	    <small>版权所有 Copyright 2019-2021 &copy; 蓝天工作室</small>
	</footer></pre>

（2）完成任务工作单 1-3-2，制作"我的家乡"风景页面。

任务工作单 1-3-2

任务作品名称		姓名	
任务分析			
页面设计思路			
任务实施步骤			
任务问题及解决方案			

评价反馈

评价表

任务编号	1-3		任务名称		设计并制作"我的家乡"风景页面			
组名			姓名			学号		
评价项目						个人自评	小组互评	教师评价
课程表现	学习态度（5分）							
	沟通合作（5分）							
	回答问题（5分）							
知识掌握	掌握文本标签应用（5分）							
	掌握超链接标签应用（5分）							
	掌握图像标签应用（5分）							
任务达成	页面整体显示效果是否与效果图相符，共计10分，有如下4种分值： 1. 高度一致得10分 2. 比较一致得8分 3. 基本一致得6分 4. 完全不同得0分							
	页面导航区显示是否符合要求，评分点如下： 1. 文本超链接的设置是否正确（4分） 2. 图像的宽度和高度是否正确（6分）							
	能正确新建项目并在项目中配置相应的文件及文件夹（10分）							
	页面主体区显示是否符合要求，评分点如下： 1. 页面文本、图像大小是否符合要求，不符合处扣1分（10分） 2. 页脚图片与文字的显示是否符合要求，不符合处扣1分（10分） 3. 导航超链接、景区介绍超链接是否正确设置（10分） 4. 页面整体布局效果（包括颜色、边距等）是否符合页面要求（10分）							
得分								
经验总结反馈建议								

项目 2 制作多媒体网页

任务 1　制作"湘西历史"页面

现在我们已经学习了 HTML5 的基础知识，能制作出简单的图文页面。那么，如果要制作包含视频、音频等多媒体文件的页面，又要如何实现呢？请大家检索关键词"音频""视频"来了解本节的新知识点，检索关键词"湘西风俗""古镇"来触发本次学习任务。

▶ 学习目标

知识目标

★ 掌握相对路径和绝对路径的区别。

★ 掌握视频标签 \<video\> 的语法。

★ 掌握音频标签 \<audio\> 的语法。

★ 掌握多种文件来源标签的语法。

★ 掌握媒介分组和标题标签的语法。

能力目标

★ 能正确选择文件路径。

★ 能正确使用音频、视频标签。

★ 能使用 CSS 对文本样式进行灵活设置。

★ 能实现"湘西历史"页面视频、背景音乐设置。

★ 能制作出"湘西历史"图文的媒介分组效果。

思政目标

★ 培养学生的审美意识。

★ 培养学生的非物质文化遗产保护意识。

★ 培养学生的爱国爱家情怀。

★ 培养学生的全局观念和大局意识。

任务 1 整体介绍

思维导图

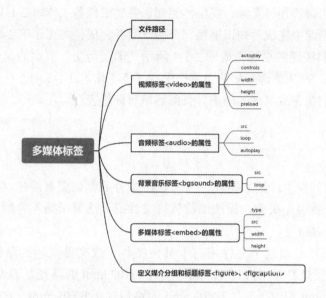

任务描述

按照图 2-1-1 所示的效果完成"湘西历史"页面的制作。

"湘西历史"页面制作

图 2-1-1 "湘西历史"页面效果

☞ **任务要求**

1. 请同学们课前预习音频、视频标签知识并完成任务工作单 2-1-1。

2. 请同学们课中完成对知识链接部分的学习并完成任务工作单 2-1-2。

3. 请同学们按任务描述完成图 2-1-1 所示"湘西历史"页面的制作，并将制作过程中出现的问题、产生原因和解决方案记录在任务工作单 2-1-3 中。

4. 请同学们在完成"湘西历史"页面后填写评价表。

🔍 **知识链接**

1. 文件路径

在实际网页开发中，插入图片、包含 CSS 文件等都需要有路径，如果文件路径添加错误，就会导致引用失效，无法浏览链接文件或无法显示插入的图片。文件路径分为相对路径和绝对路径。

（1）相对路径：指这个文件相对于其他文件（或文件夹）的路径。例如，文件 EX01.html 的路径是 D:/code/EX01.html，文件 EX02.html 的路径是 D:/code/EX02.html，那么文件 EX01.html 相对于文件 EX02.html 的路径就是 EX01.html，它们处于同一目录 D:/code 就可以省略。

相对链接的使用方法如下：

1）如果链接到同一目录下，则只需输入要链接文档的名称，例如：

`<a href="EX01.html"> 湘西历史 </a>`

2）如果链接到下一级目录，则需要输入目录名后加" / "，再输入文件名，例如：

`<img src="img/xxls2.png/" />`

3）如果链接到上一级目录，则需要先输入" .. /"，再输入目录名、文件名，例如：

`<a href = "../ www/index.html"></a>`

（2）绝对路径：指完全路径，也就是文件或目录在硬盘上完整的路径，例如：

`http://www.adminwang.com/index.htm`

`d:/ www /html/images/bg.jpg`

2. 视频标签 <video>

在 HTML5 之前，我们有时无法正常浏览网页中的音频和视频，因为对视频和音频没有一个标准，因此在网页中看到的视频都是通过第三方插件的方式嵌入的，这些插件可能是 QuickTime，也可能是 RealPlayer 或 Flash。由于并不是所有的浏览器都使用相同的插件，因此为了能让视频和音频在网页内播放成功，HTML5 规定了一种通过 <video> 和 <audio> 标签来播放视频的标准，这样浏览器就不需要安装任何第三方插件了。

<video> 标签用于在网页中播放视频，它支持 .mp4、.ogg、.webm 等格式，其语法格式如下：

`<video src=" 视频路径 " controls></video>`

<video> 标签的属性如表 2-1-1 所示。

表 2-1-1 <video> 标签的属性

属性	值	描述
autoplay	autoplay	如果出现该属性，则视频在就绪后马上播放
controls	controls	如果出现该属性，则向用户显示控件，如播放按钮
height	pixels	设置视频播放器的高度
loop	loop	如果出现该属性，则当媒介文件完成播放后再次循环播放
muted	muted	如果出现该属性，视频的音频输出为静音
poster	URL	规定视频正在下载时显示的图像
preload	auto、metadata、none	如果出现该属性，则视频在加载页面时一同加载，并预备播放。如果使用 autoplay 属性，则忽略该属性
src	URL	要播放的视频的 URL
width	pixels	设置视频播放器的宽度

【例 2-1-1】我来写：根据图 2-1-2 所示的效果在空白处填写正确的代码。

图 2-1-2 视频标签页面效果

代码如下：

```
<!DOCTYPE html>
<html>
  <head>
    <meta charset="utf-8">
    <title></title>
  </head>
  <body>
    <h4> 视频欣赏 </h4>
    <video src="medias/video.mp4" autoplay="_____"controls="_____" width="500">
      您的浏览器不支持 video 元素
```

```
    </video>
  </body>
</html>
```

【例 2-1-2】任务思考：根据图 2-1-3 所示的"湘西历史"页面视频效果编写代码。

图 2-1-3   "湘西历史"页面视频效果

3. 音频标签 <audio>

HTML5 提供了 <audio> 标签来实现网页中音频的播放。通过 <audio> 标签，HTML5 可在浏览器中直接播放音频，不需要借助插件。<audio> 标签语法格式简写方式如下：

```
<audio src=" 音频路径 " controls></audio>
```

标准方式如下：

```
<audio controls>
    <source src="xxx.mp3" type="audio/mpeg"/>
    <source src="xxx.ogg" type="audio/ogg"/>
    <source src="xxx.wav" type="audio/wav"/>
</audio>
```

<audio> 标签的属性如表 2-1-2 所示。

表 2-1-2 <audio> 标签的属性

属性	值	描述
autoplay	autoplay	如果出现该属性，则音频在就绪后马上播放
controls	controls	如果出现该属性，则向用户显示音频控件，如播放 / 暂停按钮
loop	loop	如果出现该属性，则每当音频结束时重新开始循环播放
muted	muted	如果出现该属性，则音频输出为静音
preload	auto、metadata、none	规定当网页加载时音频是否默认被加载以及如何被加载 preload=none：不进行音频预加载 preload=metadata：仅加载音频的基本信息 preload=auto：尽可能加载音频信息
src	URL	规定音频文件的 URL

【例 2-1-3】我来写：根据图 2-1-4 所示的效果在空白处填写正确的代码。

图 2-1-4 音频标签页面效果

代码如下：

```
<!DOCTYPE html>
<html>
  <head>
    <meta charset="utf-8">
    <title></title>
  </head>
  <body>
    <h2> 音频应用 </h2>
<audio src="medias/ 秋意浓 .mp3" autoplay="autoplay" controls="____" > 您的浏览器
        不支持 audio 元素 </audio>
  </body>
</html>
```

4. 背景音乐标签 <bgsound>

设置背景音乐是为了更好地体现页面主题并吸引浏览者，使用 < bgsound> 标签可以将多种格式的音乐文件设置为背景音乐并嵌入到网页中，其基本语法如下：

`<bgsound src="File_url" loop=" 循环次数 ">`

src 属性是 < bgsound> 标签必设的属性，用于指定嵌入的背景音乐文件。loop 属性为可选属性，当取值为某个数时表示背景音乐循环播放该数字所指定的次数，如果取值为 −1 则表示背景音乐不断地循环播放，默认情况下背景音乐播放一次。

【例 2-1-4】任务思考：根据"湘西历史"页面效果，编写代码实现页面背景音乐播放。

5. 多媒体标签 <embed>

使用 <embed> 标签是 HTML5 新增的标签，embed 在英文中有"嵌入"的意思，使用 <embed> 标签可以插入各种多媒体，格式可以是 Midi、Wav、AIFF、AU、MP3 等，新版的 IE 浏览器都支持该标签。

使用 <embed> 标签嵌入图片的示例代码如下：

```
<embed id="previewImg" src="${ctx}/nnaqui/img/emergencyOrg.png"  style="height:
    750px;padding-left: 290px">
```

使用 <embed> 标签嵌入页面的示例代码如下：

```
<embed type="text/html" src="snippet.html"  width="500" height="200">
```

使用 <embed> 标签嵌入视频的示例代码如下：

```
<embed type="video/webm" src="movie.mp4" width="400" height="300">
```

<embed> 标签的属性如表 2-1-3 所示。

表 2-1-3　<embed> 标签的属性

属性	值	描述
src	URL	规定被嵌入内容的 URL，可以使用相对路径和绝对路径
type	MIME_type	规定嵌入内容的 MIME（Multipurpose Internet Mail Extensions，多用途互联网邮件扩展）类型
width	pixels	规定嵌入内容的宽度
height	pixels	规定嵌入内容的高度

6. 定义媒介分组和标题标签 <figure>、<figcaption>

<figure> 标签用于定义独立的流内容（图像、图表、照片、代码等），一般指一个独立的单元。<figure> 元素的内容应该与主内容相关，但如果被删除，也不会对文档产生影响。

<figcaption> 标签用于为 <figure> 元素组添加标题，一个 <figure> 元素内最多允许使用一个 <figcaption> 元素，该元素应该放在 <figure> 元素的第一个或最后一个子元素的位置。

一个 <figure> 元素里可以放多张图片，并不是每个 <figure> 元素都需要 <figcaption> 元素，在使用 <figcaption> 元素时最好放在 <figure> 块的第一个或最后一个。

基本语法如下：

```
<figure>
<figcaption> 标题 </figcaption>
...
</figure>
```

【例 2-1-5】我来写：根据图 2-1-5 所示的效果完成正确的代码。

图 2-1-5　页面效果

代码如下：

```
<!DOCTYPE html>
<html>
  <head>
    <meta charset="utf-8">
    <title></title>
  </head>
  <body>
    <figure>
    _____湘西历史 _____
      <img src="img/sjwh.png" width="_____" />
      <img src="img/lswh.png" width="300" />
      <img src="img/msmf.png" width="300" />
    </figure>
  </body>
</html>
```

📚 任务实施

（1）请同学们通过课前预习掌握音频、视频标签知识，完成任务工作单 2-1-1。

任务工作单 2-1-1

组号：　　　　　　姓名：　　　　　　学号：

标签	标签属性

（2）通过对知识链接部分的学习完成任务工作单 2-1-2。

任务工作单 2-1-2

组号：　　　　　　　姓名：　　　　　　　学号：

多媒体标签	语法	示例（我来写）

（3）请同学们根据图 2-1-1 所示制作"湘西历史"页面，并将制作过程中出现的问题、产生原因和解决方案记录在任务工作单 2-1-3 中。

任务工作单 2-1-3

组号：　　　　　　　姓名：　　　　　　　学号：

问题	产生原因	解决方案

评价反馈

评价表

任务编号	2-1	任务名称		制作"湘西历史"页面		
组名		姓名		学号		
评价项目				个人自评	小组互评	教师评价
课程表现	学习态度（5分）					
	沟通合作（5分）					
	回答问题（5分）					
知识掌握	掌握相对路径和绝对路径的区别（5分）					
	掌握音频标签的语法（5分）					
	掌握视频标签的语法及属性（5分）					
任务达成	页面整体显示效果是否与效果图相符，共计10分，有如下4种分值： 1. 高度一致得10分 2. 比较一致得8分 3. 基本一致得6分 4. 完全不同得0分					
	页面导航区显示是否符合要求，评分点如下： 1. 文本的设置是否正确（4分） 2. 视频的显示是否正确（6分）					
	能正确新建项目并在项目中配置相应的文件及文件夹（10分）					
	页面主体区显示是否符合要求，评分点如下： 1. 湘西历史页面文本、图像显示是否符合要求，不符合处扣1分（10分） 2. 历史详情部分图片的显示是否符合要求，不符合处扣1分（10分） 3. 历史详情部分图片链接是否正确设置（10分）					
	代码编写是否符合网页开发规范，评分点如下： 1. 命名规范：能做到见名知意（4分） 2. 代码排版规范：缩进统一，方便阅读（2分） 3. 注释规范：通过注释能清楚地知道页面各功能区代码及其样式代码的位置（4分）					
得分						
经验总结反馈建议						

任务 2　制作"湘西历史"详情页面

我们已经学会了在页面中插入视频、音频等多媒体文件。如果要设置不同的视频来源、插入 PDF 文档或 Flash 对象、为视频自动添加字幕等，则需要掌握本节的新知识点。通过检索关键词"老司城""凤凰古城"触发本次任务。

学习目标

知识目标

★ 掌握多种文件来源标签的语法。

★ 掌握字幕标签的语法。

任务 2 整体介绍

能力目标

★ 能正确使用 <source> 标签设置不同媒体文件类型。

★ 能实现"湘西历史"详情页面视频字幕设置。

★ 能制作出"湘西历史"详情页面中嵌入不同媒体对象的页面。

思政目标

★ 培养学生的计算思维。

★ 培养学生的团队意识。

★ 培养学生的非物质文化遗产保护意识。

思维导图

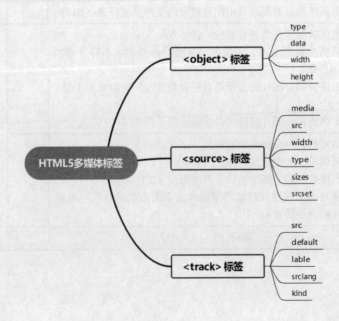

任务描述

按照图 2-2-1 所示的效果完成"湘西历史"详情页面的制作。

"湘西历史"详情页面制作

图 2-2-1　"湘西历史"详情页面效果

任务要求

1．请同学们课前预习 <source>、<track>、<object> 标签知识并完成任务工作单 2-2-1。

2．请同学们课中完成对知识链接部分的学习并完成任务工作单 2-2-2。

3．请同学们按任务描述完成图 2-1-1 所示"湘西历史"详情页面的制作，并将制作过程中出现的问题、产生原因和解决方案记录在任务工作单 2-2-3 中。

4．请同学们在完成"湘西历史"详情页面后填写评价表。

知识链接

插件的作用是扩展浏览器的功能。插件可以通过 <object> 标签或 <embed> 标签添加在页面中。大多数辅助应用程序允许对音量设置和播放功能（如后退、暂停、停止和播放）进行手工（或程序的）控制。值得注意的是，目前大多数浏览器已不再支持 Java 小程序和插件，也不再支持 Flash。HTML5 中的多媒体标签如表 2-2-1 所示。

表 2-2-1　HTML5 中的多媒体标签

标签	描述
<embed>	定义内嵌对象。HTML4 不支持，HTML5 支持
<object>	定义内嵌对象
<param>	定义对象的参数
<audio>	定义声音内容
<video>	定义一个视频或影片
<source>	定义多媒体元素的资源（<video> 和 <audio>）
<track>	规定多媒体元素的字幕文件或其他包含文本的文件（<video> 和 <audio>）

下面介绍其中的 <source>、<track> 和 <object> 标签。

1．<source> 标签

<source> 标签用于为 <audio> 和 <video> 元素指定多个媒体资源，浏览器会自动选择最合适的资源进行播放。其语法格式如下：

```
<source 属性名称 =" 属性值 ">
```

示例如下：

```
<audio controls>
<source src="horse.ogg" type="audio/ogg">
<source src="horse.mp3" type="audio/mpeg">
您的浏览器不支持 audio 元素。
</audio>
```

<source> 标签的属性如表 2-2-2 所示。

表 2-2-2　<source> 标签的属性

属性	值	描述
media	media_query	规定媒体资源的类型，供浏览器决定是否下载

续表

属性	值	描述
src	URL	规定媒体文件的 URL
type	MIME_type	规定媒体资源的 MIME 类型
sizes	像素值或百分比	不同页面布局设置不同图片大小
srcset	URL	\<source\> 应用于 \<picture\> 标签时需要使用该属性，指定在不同情况下使用的图像 URL

【例 2-2-1】我来写：根据图 2-2-2 所示的效果在空白处填写正确的代码。

图 2-2-2 \<source\> 标签页面效果

代码如下：

```
<!DOCTYPE html>
<html>
  <head>
    <meta charset="utf-8">
    <title></title>
  </head>
  <body>
    <h1>audio 元素 </h1>
    <audio controls>
      <source src="media/mlh.ogg" type="_____">
      <source src="media/mlh.mp3" type="_____"> 您的浏览器不支持 audio 元素。
    </audio>
    <h1> picture 元素 </h1>
    <p> 重置浏览器大小，查看效果：</p>
    <picture>
      <source media="(min-width:650px)" srcset="img/rw1.jpeg">
      <source media="(min-width:465px)" srcset="img/rw2.jpeg">
      <img src="img/rw.jpg" width="400px">
    </picture>

  </body>
</html>
```

2. <track> 标签

<track> 标签是 HTML5 中的新标签，用于为 <audio> 和 <video> 元素添加字幕和描述信息。

<track> 标签为多媒体元素规定外部文本轨道，也就是字幕，字幕格式为 .vtt 格式。这个标签用于规定字幕文件或其他包含文本的文件，当媒体播放时这些文件是可见的。其语法格式如下：

```
<track 属性名称 =" 属性值 "/>
```

示例如下：

```
<track default
    kind="captions"
    srclang="en"
    src="/video/php/friday.vtt" />
```

<track> 标签的属性如表 2-2-3 所示。

表 2-2-3　<track> 标签的属性

属性	值	描述
default	default	规定该轨道是默认的。如果用户没有选择任何轨道，则使用默认轨道
kind	captions chapters descriptions metadata subtitles	规定文本轨道的文本类型。默认值为 subtitles，其他值为 captions、descriptions、chapters、metadata subtitles：字幕给观影者看不懂的内容提供了翻译 captions：隐藏式字幕提供了音频的转录甚至是翻译 descriptions：视频内容的文本描述 chapters：章节标题用于用户浏览媒体资源的时候
label	text	规定文本轨道的标签和标题
src	URL	必需的属性，规定轨道文件的 URL
srclang	language_code	规定轨道文本数据的语言。如果 kind 属性值是 subtitles，则该属性是必需的

【例 2-2-2】我来写：根据图 2-2-3 所示的效果在空白处填写正确的代码。

图 2-2-3　<track> 标签页面效果

代码如下：

```
<!DOCTYPE html>
<html>
  <head>
    <meta charset="utf-8">
    <title></title>
  </head>
  <body>
    <video controls width="320" height="240"
        src="media/friday.mp4">
      <track default
          kind="_____"
          srclang="_____"
          src="media/friday.vtt" />
      抱歉，您的浏览器不支持嵌入视频！
    </video>
  </body>
</html>
```

3. <object> 标签

所有主流浏览器都支持 <object> 标签。<object> 元素定义了在 HTML5 文档中嵌入的对象。该标签用于插入对象（例如在网页中嵌入 Java 小程序、PDF 阅读器和 Flash 播放器）。该嵌入对象元素表示引入一个外部资源，这个资源可能是一张图片、一个嵌入的浏览上下文，或者是一个插件所使用的资源，如图像、音频、视频、Java 小程序、ActiveX、PDF 和 Flash 等。其语法格式如下：

```
<object 属性名称 =" 属性值 "> </object>
```

示例如下：

```
<object type="application/pdf"
    data="/media/examples/In-CC0.pdf"
    width="250"
    height="200">
</object>
```

<object> 标签的属性如表 2-2-4 所示。

表 2-2-4　<object> 标签的属性

属性	描述
name	浏览上下文名称（HTML5）或控件名称（HTML 4）
form	对象元素关联的 form 元素（属于的 form），取值必须是同一文档下的一个 <form> 元素的 ID
width	资源显示的宽度，单位是 CSS 像素
height	资源显示的高度，单位是 CSS 像素
usemap	指向一个 <map> 元素的 hash-name，格式为 # 加 map 元素 name 元素的值
data	一个合法的 URL 作为资源的地址，需要为 data 和 type 中至少一个设置值
type	data 指定的资源的 MIME 类型，需要为 data 和 type 中至少一个设置值

【例 2-2-3】我来写：根据图 2-2-4 所示的效果在空白处填写正确的代码。

图 2-2-4　<object> 标签页面效果

代码如下：

```
<!DOCTYPE html>
<html>
  <head>
    <meta charset="utf-8">
    <title></title>
  </head>
  <body>
    <h3>1. 插入 pdf 文档对象 </h3>
    <object type="_____" data="media/xxgz.pdf" width="250" height="200">
    </object>
    <h3>2. 插入 flash 对象 </h3>
    <object width="400" height="50" data="medias/3vdesign.swf"></object>
    <h3>3. 插入网页对象 </h3>
    <object width="100%" height="500px" data="2.2.1 source 标签 .html"></object>
    <h3>4. 插入图片对象 </h3>
    <object  width="300" data="_____"></object>
  </body>
</html>
```

任务实施

（1）请同学们通过课前预习掌握 HTML5 新增的 \<source\>、\<track\> 标签知识，完成任务工作单 2-2-1。

任务工作单 2-2-1

组号：　　　　　　　　姓名：　　　　　　　　学号：

标签	标签属性

（2）通过对知识链接部分的学习完成 HTML5 多媒体标签示例任务工作单 2-2-2。

任务工作单 2-2-2

组号：　　　　　　　　姓名：　　　　　　　　学号：

多媒体标签	语法	示例（我来写）

（3）请同学们根据图 2-2-1 所示制作"湘西历史"详情页面，并将制作过程中出现的问题、产生原因和解决方案记录在任务工作单 2-3-3 中。

任务工作单 2-2-3

组号：　　　　　　　　姓名：　　　　　　　　学号：

问题	产生原因	解决方案

评价反馈

评价表

任务编号	2-2	任务名称		制作"湘西历史"详情页面			
组名		姓名		学号			
评价项目					个人自评	小组互评	教师评价
课程表现	学习态度（5分）						
	沟通合作（5分）						
	回答问题（5分）						
知识掌握	掌握 \<source\> 标签的语法（5分）						
	掌握 \<track\> 标签的语法（5分）						
	掌握 \<object\> 标签的语法及属性（5分）						
任务达成	页面整体显示效果是否与效果图相符，共计10分，有如下4种分值： 1. 高度一致得10分 2. 比较一致得8分 3. 基本一致得6分 4. 完全不同得0分						
	页面导航区显示是否符合要求，评分点如下： 1. 文本的设置是否正确（4分） 2. 视频的显示是否正确（6分）						
	能正确新建项目并在项目中配置相应的文件及文件夹（10分）						
	页面主体区显示是否符合要求，评分点如下： 1. 湘西历史详情页面多媒体元素显示是否符合要求，不符合处扣1分（10分） 2. 历史详情部分视频字幕的显示是否符合要求，不符合处扣1分（10分） 3. 历史详情部分锚点链接是否正确设置（10分）						
	代码编写是否符合网页开发规范，评分点如下： 1. 命名规范：能做到见名知意（4分） 2. 代码排版规范：缩进统一，方便阅读（2分） 3. 注释规范：通过注释能清楚地知道页面各功能区代码及其样式代码的位置（4分）						
得分							
经验总结反馈建议							

任务3 设计并制作"我的家乡"历史页面

我们已经了解到多媒体标签可以呈现多种媒体形式,制作并美化了"湘西历史"详情页面的多媒体内容。本任务为设计并制作"我的家乡"历史页面,请大家检索关键词"家乡历史"来触发本次学习任务。

学习目标

任务3 整体介绍

知识目标

★ 掌握视频、音频使用方法。

★ 掌握视频标签属性的使用。

★ 掌握插入多媒体标签及其属性的方法。

能力目标

★ 能正确使用视频、音频标签属性设置样式。

★ 能灵活运用插入媒体标签设置 swf 等格式文件。

★ 能正确使用媒介分组和标题。

★ 能运用列表、图像标签制作导航栏。

思政目标

★ 培养学生的审美意识。

★ 培养学生精益求精的工匠精神。

★ 培养学生爱家乡的意识。

任务描述

刘同学运用所学的多媒体标签完成了他的家乡杭州的历史页面制作,效果如图 2-3-1 所示。请大家参考本页面设计并制作"我的家乡"历史页面。

任务要求

1. 请同学们课中完成对家乡杭州历史页面的分步骤解析并完成任务工作单 2-3-1。

2. 请同学们按任务描述设计"我的家乡"历史页面并完成任务工作单 2-3-2。

3. 请同学们在完成"我的家乡"历史页面后填写评价表。

图 2-3-1 "我的家乡"历史页面效果

任务实施

（1）通过对知识链接部分的学习，请同学们对照任务工作单 2-3-1 中要求的效果写出对应的代码。

任务工作单 2-3-1

学习组别		组长		日期	

分步骤完成"我的家乡"历史页面

页眉效果	家乡榆湖　首页　家乡的茶　家乡美食　**家乡习俗**　家乡景点　联系我们
页面主体 部分 1 效果	习俗 **贴年画** 杭州过年习俗中，年画给千家万户平添了许多兴旺欢乐的喜庆气氛。随着木板印刷术的兴起，年画的内容已不仅限于门神之类单调的主题，而是变得丰富多彩，在一些年画作功中产生了《镜檐寿三星图》《五谷丰登》《迎春接福》等经典的彩色年画，以满足人们喜庆新年的美好愿望。 **办年货** 《味道中国》是一部关于中国美食的纪录电影，它通过我国的季节春夏秋冬，和我国的二十四节气的顺序来描述了大概二十个美食的故事。中国人一向喜欢吃应季的食物，而不喜欢吃反季节的食物，这是一种规矩，谁都不能打破。这部纪录片里面还讲述了很多已经消失或者快要消失的手工技艺，让我们了解了不同地方的不同美食做法和技艺。 **年夜饭** 杭州人的年饭，鸡鸭鱼肉，一应俱全，而且比较重口，具有浓重的地方特色、凉拌羊拐头、酱鸭、酱鱼、酱肉、皮蛋、白斩鸡、元宝鱼、春卷、八宝菜、醋笋烧肉……这拼一锅丰盛的年夜饭，是全家老小最为满足的。 **吃年糕** 回了初一，杭州人最欢喜吃年糕，意味着个个好彩头。拿豆芽儿、笋丝、肉丝，配上酱油，和年糕一炒，色泽美艳，咸鲜可口，年糕谐音"年高"，吃了有生活美满、事业高升的寓意。

页面主体
部分 1 代码
	``html
	<div class="main">
	    <div class="both">
	        <div class="title">
	            <h1>习俗</h1>
	        </div>
	        <div class="bottom">
	            <div class="bottombox">
	                <div class="bottomleft">
	                    <img src="img/26.png" alt="">
	                </div>
	                <div class="bottomright">
	                    <h2>贴年画</h2>
	                    <span>杭州过年习俗中，年画给千家万户平添了许多兴旺欢乐的喜庆气氛，随着木板印刷术的兴起，年画的内容已不仅限于门神之类单调的主题，而是变得丰富多彩，在一些年画作功中产生了《镜檐寿三星图》《五谷丰登》《迎春接福》等经典的彩色年画，以满足人们喜庆新年的美好愿望。</span>
	                </div>
	            </div>
	            <div class="bottombox">
	                <div class="bottomleft">
	                    <img src="img/27.png" alt="">
	                </div>
	                <div class="bottomright">
	                    <h2>办年货</h2>
	                    <span>《味道中国》是一部关于中国美食的纪录电影，它通过我国的季节春夏秋冬，和我国的二十四节气的顺序来描述了大概二十个美食的故事。中国人一向喜欢吃应季的食物，而不喜欢吃反季节的食物，这是一种规矩，谁都不能打破。这部纪录片里面还讲述了很多已经消失或者快要消失的手工技艺，让我们了解了不同地方的不同美食做法和技艺。</span>
	                </div>
	``

页面主体 部分 2 及 页脚部分 效果	回到 顶部 版权所有©tp

续表

学习组别		组长		日期	
页面主体部分 2 及页脚部分代码					

```
<div class="main_cont">
    <div class="list guji">
        <li><a href=""><img src="img/22.png"></a></li>
        <li><a href=""><img src="img/23.png"></a></li>
        <li><a href=""><img src="img/24.png"></a></li>
        <li><a href=""><img src="img/25.png"></a></li>
        <li><a href=""><img src="img/1.jpg"></a></li>
        <li><a href=""><img src="img/14.png"></a></li>
        <li><a href=""><img src="img/15.png"></a></li>
        <li><a href=""><img src="img/16.png"></a></li>
    </div>
  </div>
</div>
</div>
<footer>
  版权所有:tp
</footer>
<button id="btn" class="btnTop"> 回到顶部 </button>
```

（2）请同学们完成任务工作单 2-3-2 "我的家乡" 历史页面的制作。

任务工作单 2-3-2

任务作品名称		姓名	
任务分析			
页面设计思路			
任务实施步骤			
任务问题及解决方案			

评价反馈

评价表

任务编号	2-3		任务名称		设计并制作"我的家乡"历史页面			
组名			姓名			学号		
评价项目						个人自评	小组互评	教师评价
课程表现	学习态度（5分）							
	沟通合作（5分）							
	回答问题（5分）							
知识掌握	掌握视频标签应用（5分）							
	掌握音频标签应用（5分）							
	掌握多媒体标签应用（5分）							
任务达成	页面整体显示效果是否与效果图相符，共计10分，有如下4种分值： 1. 高度一致得10分 2. 比较一致得8分 3. 基本一致得6分 4. 完全不同得0分							
	页面导航区显示是否符合要求，评分点如下： 1. 文本超链接的设置是否正确（4分） 2. 图像的宽度和高度是否正确（6分）							
	能正确新建项目并在项目中配置相应的文件及文件夹（10分）							
	页面主体区显示是否符合要求，评分点如下： 1. 页面文本、图像大小是否符合要求，不符合处扣1分（10分） 2. 页脚图片与文字的显示是否符合要求，不符合处扣1分（10分） 3. 导航超链接、历史风俗介绍超链接是否正确设置（10分） 4. 页面整体布局效果（包括颜色、边距等）是否符合页面要求（10分）							

项目 3
制作表单网页

任务 1　制作登录页面

任务 1 整体介绍

　　在 HTML5 中，表格是一个非常重要的概念，它可以用来整齐地排列和展示数据，也可以用来对网页内容进行排版布局。我们可以把网页中的任意元素放在表格的单元格中，通过对单元格的整合实现整齐而又不失灵活的页面布局。本任务将使用表格和表单元素实现登录页面的制作。

▶ 学习目标

知识目标

★ 掌握表格相关标签的使用方法。

★ 掌握单元格合并的方法。

★ 掌握表格标签常用属性的使用。

★ 掌握使用 CSS 设置表格样式的方法。

★ 掌握使用表格进行页面布局的方法。

能力目标

★ 能够使用表格标签制作各种结构的表格。

★ 能够使用表格标签属性和 CSS 设置表格样式。

★ 能够使用表格进行数据展示和页面布局。

思政目标

★ 培养学生一丝不苟的态度和精益求精的工匠精神。

★ 培养学生的环保意识和生态文明建设意识。

★ 培养学生的民族自信、文化自信和家国情怀。

思维导图

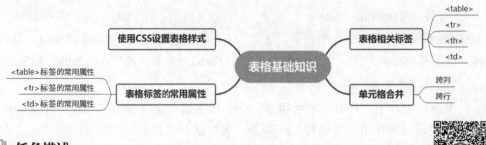

登录页面的制作

任务描述

按照图 3-1-1 所示的效果完成登录页面的制作。

图 3-1-1　登录页面效果

任务要求

1．请同学们课前预习表格相关的知识点并完成任务工作单 3-1-1。

2．请同学们课中完成知识链接部分的学习并完成任务工作单 3-1-2。

3．请同学们按任务描述完成图 3-1-1 所示登录页面的制作，并将制作过程中出现的问题、产生原因和解决方案记录在任务工作单 3-1-3 中。

4．请同学们在完成登录页面后填写评价表。

知识链接

表格是网页中至关重要的结构性元素，可以用表格来整齐地排列和展示数据，也

67

可以用表格来对网页内容进行排版布局。在实际开发中，我们需要综合使用表格相关的标签来建立表格。

1. 表格标签 \<table>\</table>

\<table> 标签用于创建一个表格，注意 \<table> 与 \</table> 标签需成对使用，且表格内容应位于两个标签之间，即表格内容起始于 \<table> 标签，结束于 \</table> 标签。

2. 表格行标签 \<tr>\</tr>

一个表格由若干行和若干列所组成，\<tr> 标签用于定义表格的一行，注意 \<tr> 与 \</tr> 标签也需成对使用，有几对 \<tr> 标签，表格就有几行。

3. 表头标签 \<th>\</th>

\<th> 标签用于定义表格头部的一个单元格，表头内容位于 \<th> 与 \</th> 标签之间，\<th>标签可用于控制表头文本显示为粗体。注意 \<th> 标签可用于定义表头,但不是必须。

4. 单元格标签 \<td>\</td>

\<td> 标签用于定义表格的一个单元格，单元格内容位于 \<td> 与 \</td> 标签之间，一行中包含几对 \<td>\</td>，说明一行中有几列。

【例 3-1-1】创建一个 3 行 3 列的表格。

```html
<!DOCTYPE html>
<html>
  <head>
    <meta charset="utf-8">
    <title> 创建表格 </title>
  </head>
  <body>
    <table border="1">
      <tr>
        <td>1 行 1 列 </td>
        <td>1 行 2 列 </td>
        <td>1 行 3 列 </td>
      </tr>
      <tr>
        <td>2 行 1 列 </td>
        <td>2 行 2 列 </td>
        <td>2 行 3 列 </td>
      </tr>
      <tr>
        <td>3 行 1 列 </td>
        <td>3 行 2 列 </td>
        <td>3 行 3 列 </td>
      </tr>
    </table>
  </body>
</html>
```

代码运行效果如图 3-1-2 所示。将第一行中的 \<td> 标签替换成 \<th> 后，效果如图 3-1-3 所示。

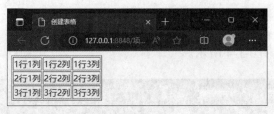

图 3-1-2　普通表格效果

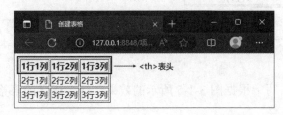

图 3-1-3　含有 <th> 标签的表格效果

5. 单元格合并

<td>、<th> 标签的 colspan 属性和 rowspan 属性可以实现单元格的合并操作，其语法如下：

```
<td colspan=" 所跨列数 " rowspan=" 所跨行数 "></td>
```

可以使用 colspan 属性合并表格同一行的若干列（如 colspan="2"），使用 rowspan 属性合并表格同一列的若干行（如 rowspan="3"）。

【例 3-1-2】合并例 3-1-1 中表格第 1 行的所有单元格及第 1 列的第 2 行和第 3 行的单元格。

```
<!DOCTYPE html>
<html>
  <head>
    <meta charset="utf-8">
    <title> 合并单元格 </title>
  </head>
  <body>
    <table border="1">
      <tr>
        <th colspan="3">1 行 1 列 </th>
      </tr>
      <tr>
        <td rowspan="2">2 行 1 列 </td>
        <td>2 行 2 列 </td>
        <td>2 行 3 列 </td>
      </tr>
      <tr>
        <td>3 行 2 列 </td>
        <td>3 行 3 列 </td>
      </tr>
    </table>
```

```
    </body>
</html>
```

代码运行效果如图 3-1-4 所示。

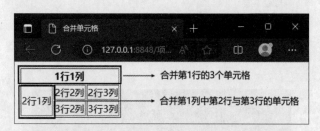

图 3-1-4　表格单元格合并效果

【例 3-1-3】我来写：根据图 3-1-5 所示的效果，结合所学的表格相关知识，将个人简历页面代码补充完整。

图 3-1-5　个人简历页面效果

```
<!DOCTYPE html>
<html>
    <head>
        <meta charset="utf-8">
        <title> 个人简历 </title>
    </head>
    <body>
        <h2> 个人简历 </h2>
        <table border="1">
            <tr>
                <td> 姓名 </td>
                <td> 张飞 </td>
                <td> 性别 </td>
                <td> 男 </td>
                <td _____>
                    <img src="img/student.png"/>
```

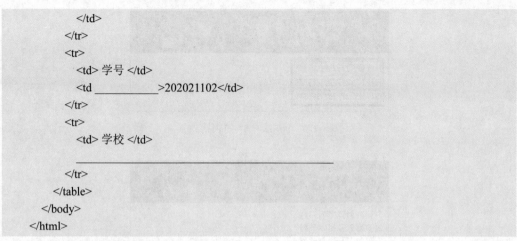

```
        </td>
      </tr>
      <tr>
        <td> 学号 </td>
        <td _____>202021102</td>
      </tr>
      <tr>
        <td> 学校 </td>
        _____
      </tr>
    </table>
  </body>
</html>
```

6. 表格标签的常用属性

除 colspan 属性和 rowspan 属性外，在使用表格标签进行网页设计时，还可以结合表格的其他属性来定制表格显示的样式。

（1）<table> 标签的常用属性（表 3-1-1）。

表 3-1-1   <table> 标签的常用属性

属性	说明
border	设置表格边框像素值，默认值为 0，即无边框
width	设置表格宽度
height	设置表格高度
cellspacing	设置单元格之间的间距
cellpadding	设置单元格内容与其边框的间距
align	设置表格的水平对齐方式,包括 left（左对齐）、center（居中对齐）、right（右对齐）
bgcolor	设置表格的背景颜色，可以是颜色的英文单词或 RGB 颜色值
bordercolor	设置表格边框的颜色
background	设置表格的背景图片

下面对部分常用属性进行详解和演示。

1）border 属性。通过设置 border 属性值可以显示表格边框，包括整个表格的外部边框以及每个单元格的内部边框。外部边框的宽度会随着 border 属性值的变化而变化，当将 border 属性值设为 0 时表格所有的边框将不显示。

例如，将例 3-1-1 中表格的 border 属性值修改为 5，效果如图 3-1-6 所示；将 border 属性值修改为 0，效果如图 3-1-7 所示。

2）width 和 height 属性。默认情况下，表格的宽度和高度是由表格内容的大小所决定的。也可以通过 width 属性来设置表格的宽度,通过 height 属性来设置表格的高度。另外，在设置宽度值时，既可以用像素值，也可以用百分比值。

图 3-1-6　border="5" 的表格效果

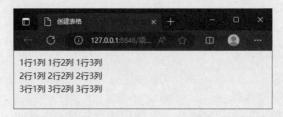

图 3-1-7　border="0" 的表格效果

例如，通过下述代码设置例 3-1-1 中表格的宽度为页面宽度的 100%、高度为 120 像素后的效果如图 3-1-8 所示。

```
<table border="1" width="100%" height="120">
```

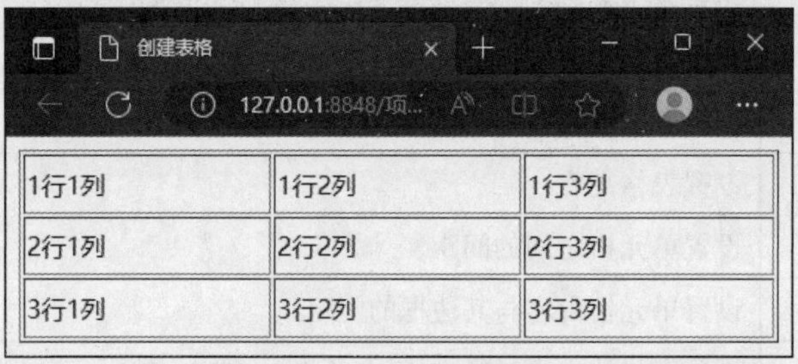

图 3-1-8　设置表格宽度和高度的效果

3）cellspacing 属性。cellspacing 属性用于设置单元格之间的间距，其默认值为 2px。通过下述代码将例 3-1-1 中单元格之间的间距设为 10px 的效果如图 3-1-9 所示。

```
<table border="1" cellspacing="10">
```

图 3-1-9　cellspacing="10" 的表格效果

通过下述代码将例 3-1-1 中单元格之间的间距设为 0px 的效果如图 3-1-10 所示。

```
<table border="1" cellspacing="0">
```

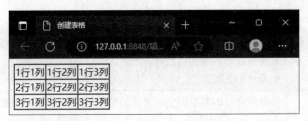

图 3-1-10　cellspacing="0" 的表格效果

4）cellpadding 属性。cellpadding 属性用于设置单元格内容与其边框的间距，其默认值为 1px。通过下述代码将例 3-1-1 中单元格内容与其边框的间距设为 10px 的效果如图 3-1-11 所示。

```
<table border="1" cellspacing="0" cellpadding="10">
```

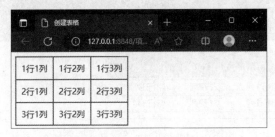

图 3-1-11　cellpadding="10" 的表格效果

5）align 属性。align 属性用于设置表格相对于页面的水平对齐方式，其属性值包括 left（左对齐）、center（居中对齐）和 right（右对齐）。通过下述代码设置例 3-1-1 中表格为居中对齐的效果如图 3-1-12 所示。

```
<table border="1" align="center">
```

图 3-1-12　align="center" 的表格效果

小提示：如果通过 <table> 标签设置了水平方向的 margin 值，则 align="center" 属性将失效，另外也可以通过设置 <table> 标签的 CSS 样式 margin: 0 auto; 来实现表格居中效果。

（2）<tr> 标签的常用属性（表 3-1-2）。

表 3-1-2　<tr> 标签的常用属性

属性	说明
height	设置所在行高度
align	设置所在行内容的水平对齐方式，包括 left、center、right

属性	说明
valign	设置所在行内容的垂直对齐方式，包括 top（上对齐）、middle（居中对齐）、bottom（下对齐）
bgcolor	设置所在行的背景颜色，可以是颜色的英文单词或 RGB 颜色值
background	设置所在行的背景图片

通过下述代码设置例 3-1-1 中表格第一行的相关属性：行高为 50 像素，水平对齐方式为右对齐，垂直对齐方式为下对齐，背景色为红色，效果如图 3-1-13 所示。

```
<tr height="50" align="right" valign="bottom" bgcolor="#ff0000">
```

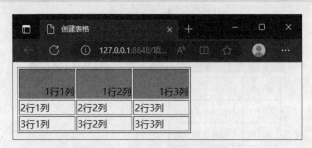

图 3-1-13　<tr> 标签设置属性效果

小提示：<tr> 标签没有 width 属性，其宽度与表格宽度一致。

（3）<td> 标签的常用属性（表 3-1-3）。

表 3-1-3　<td> 标签的常用属性

属性	说明
width	设置所在单元格宽度
height	设置所在单元格高度
align	设置所在单元格内容的水平对齐方式，包括 left、center、right
valign	设置所在单元格内容的垂直对齐方式，包括 top、middle、bottom
bgcolor	设置所在单元格的背景颜色，可以是颜色的英文单词或 RGB 颜色值
background	设置所在单元格的背景图片

<td> 标签属性的使用与 <tr> 标签类似。另外，<td> 标签还拥有 colspan 属性和 rowspan 属性，其使用与前面介绍的单元格合并方法相同。

7. 使用 CSS 设置表格样式

虽然通过表格属性能实现大部分表格样式的设置，但这种方式却不符合样式与结构分离的网页设计原则。因此，还可以使用 CSS 设置表格的样式。

【例 3-1-4】制作期末成绩单表格，使用 CSS 设置表格样式。

```
<!DOCTYPE html>
<html>
```

```
<head>
    <meta charset="utf-8">
    <title> 使用 CSS 设置表格样式 </title>
    <style type="text/css">
        table {
            border: 1px solid gray;
            width: 80%;
        }
        th, td {
            border: 1px solid gray;
            height: 30px;
            text-align: center;
        }
    </style>
</head>
<body>
    <table cellspacing="0">
        <tr>
            <th colspan="3"> 期末成绩单 </th>
        </tr>
        <tr>
            <th> 序号 </th>
            <th> 课程名 </th>
            <th> 成绩 </th>
        </tr>
        <tr>
            <td>1</td>
            <td> 网页设计与制作 </td>
            <td>95</td>
        </tr>
        <tr>
            <td>2</td>
            <td> 计算机导论 </td>
            <td>100</td>
        </tr>
        <tr>
            <td>3</td>
            <td>Java 程序设计 </td>
            <td>92</td>
        </tr>
    </table>
</body>
</html>
```

在例 3-1-4 中，使用 CSS 设置了表格的边框、宽度、字符对齐等格式。下面对 CSS 关键代码进行说明。

以下代码设置表格的外边框为 1px 宽的灰色实线，表格宽度为页面宽度的 80%：

```
table {
    border: 1px solid gray;
```

```
    width: 80%;
}
```

以下代码设置表格的 <th>、<td> 单元格边框为 1px 宽的灰色实线，单元格高度为30px，单元格内容水平居中对齐：

```
th, td {
    border: 1px solid gray;
    height: 30px;
    text-align: center;
}
```

小提示：可以使用 CSS 属性 border-spacing 替代表格的 cellspacing 属性设置单元格之间的间距。需要注意的是，如果同时设置了 CSS 属性 border-collapse 的值为collapse，那么属性 border-spacing 将失效。

代码运行效果如图 3-1-14 所示。

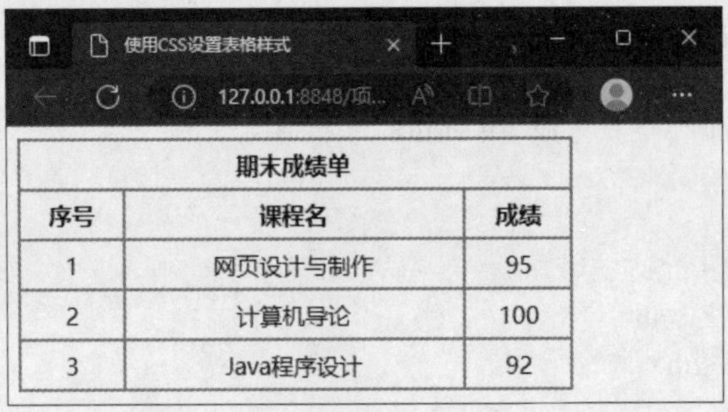

图 3-1-14　使用 CSS 设置表格样式效果

【例 3-1-5】我来写：根据图 3-1-15 所示的效果，结合所学的表格相关知识，将"湘西主要旅游景区名单"页面代码补充完整。具体样式要求为：表格宽度为 500px，背景色为 #fffcbd，表格与表格内容为水平居中对齐，表格及单元格边框采用灰色细实线，单元格高度为 30px，单元格之间的间距为 0。

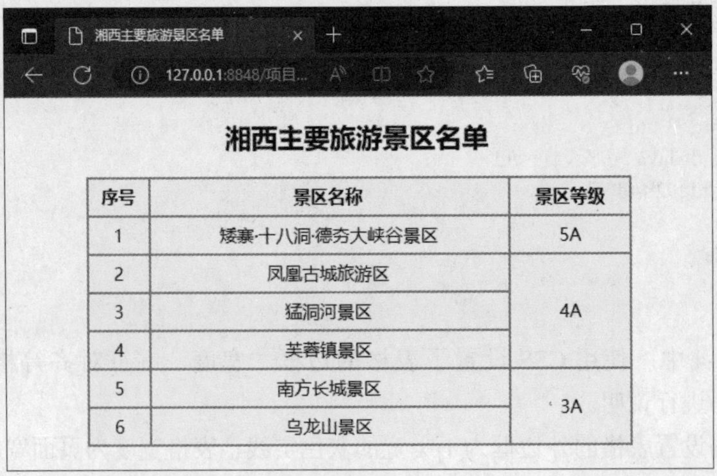

图 3-1-15　"湘西主要旅游景区名单"页面效果

```
<!DOCTYPE html>
<html>
  <head>
    <meta charset="utf-8">
    <title> 湘西主要旅游景区名单 </title>
    <style type="text/css">
      .title {
        text-align: center;
      }
      _____
      _____
      _____
    </style>
  </head>
<body>
    <h2 class="title"> 湘西主要旅游景区名单 </h2>
    <table _____>
      <tr>
        <th> 序号 </th>
        <th> 景区名称 </th>
        <th> 景区等级 </th>
      </tr>
      <tr>
        <td>1</td>
        <td> 矮寨·十八洞·德夯大峡谷景区 </td>
        <td>5A</td>
      </tr>
      <tr>
        <td>2</td>
        <td> 凤凰古城旅游区 </td>
        <td rowspan="3">4A</td>
      </tr>
      <tr>
        <td>3</td>
        <td> 猛洞河景区 </td>
      </tr>
      <tr>
        <td>4</td>
        <td> 芙蓉镇景区 </td>
      </tr>
      _____
      _____
      _____
    </table>
  </body>
</html>
```

📚 任务实施

（1）请同学们课前预习表格相关的知识点并完成任务工作单 3-1-1。

任务工作单 3-1-1

组号：　　　　　　　姓名：　　　　　　　　学号：

问题	解答
表格相关的标签有哪些？它们的作用分别是什么？	
合并单元格时需要用到哪些属性？它们的具体作用分别是什么？	

阅读如下表格代码，尝试画出显示效果图：
`<table border="1">`
　`<tr>`
　　`<th>A</th>`
　　`<th>B</th>`
　　`<th>C</th>`
　`</tr>`
　`<tr>`
　　`<td>10</td>`
　　`<td>20</td>`
　　`<td>30</td>`
　`</tr>`
　`<tr>`
　　`<td>40</td>`
　　`<td>50</td>`
　-`<td>60</td>`
　`</tr>`
`</table>`	

如何让表格不显示边框？	

（2）通过对知识链接部分的学习，请同学们根据任务工作单 3-1-2 中的效果描述准确写出相关实现代码。

任务工作单 3-1-2

组号：　　　　　　　姓名：　　　　　　　　学号：

效果	实现代码
编写表格代码实现下述效果。 我的表格 <table><tr><td colspan="3">ABC</td></tr><tr><td>10</td><td>20</td><td>30</td></tr><tr><td>40</td><td></td><td>50</td></tr><tr><td colspan="3">100</td></tr></table>	

效果	实现代码
编写 CSS 样式代码，实现设置上述表格的外边框为 1px 宽的蓝色实线，表格背景色为黄色的效果。	

（3）请同学们根据图 3-1-1 所示制作登录页面，并将制作过程中出现的问题、产生原因和解决方案记录在任务工作单 3-1-3 中。

任务工作单 3-1-3

组号：　　　　　　姓名：　　　　　　学号：

问题	产生原因	解决方案

评价反馈

评价表

任务编号	3-1		任务名称			制作登录页面			
组名			姓名			学号			
评价项目							个人自评	小组互评	教师评价
课程表现	学习态度（5分）								
	沟通合作（5分）								
	回答问题（5分）								
知识掌握	掌握表格相关标签的使用和单元格合并的方法（5分）								
	掌握表格标签常用属性的使用（5分）								
	掌握使用 CSS 设置表格样式的方法（5分）								
任务达成	页面整体显示效果是否与效果图相符，共计10分，有如下4种分值： 1. 高度一致得10分 2. 比较一致得8分 3. 基本一致得6分 4. 完全不同得0分								
	页面导航区显示是否符合要求，评分点如下： 1. 背景颜色的设置是否正确（3分） 2. Logo 的显示是否正确（3分） 3. 菜单项的显示是否正确（3分） 4. 菜单项的悬停效果是否正确（3分） 5. 文字是否显示正确，无错别字（3分）								
	页面主体区显示是否符合要求，评分点如下： 1. 登录表单中各元素布局是否符合要求，不符合处扣1分（10分） 2. 登录表单中图片与文字内容的显示是否符合要求，不符合处扣1分（10分） 3. 登录表单中所使用的字体和对齐方式是否符合要求，不符合处扣1分（10分）								
	页面底部版权区显示是否符合要求，评分点如下： 1. 内容少一项扣一分（3分） 2. 样式是否与效果图相符（2分）								
	代码编写是否符合网页开发规范，评分点如下： 1. 命名规范：能做到见名知意（4分） 2. 代码排版规范：缩进统一，方便阅读（2分） 3. 注释规范：通过注释能清楚地知道页面各功能区代码及其样式代码的位置（4分）								
得分									
经验总结反馈建议									

任务 2　制作注册页面

在任务 1 中，我们学习了表格相关的基础知识，掌握了表格标签及其常用属性的使用、单元格合并的方法，以及如何使用 CSS 设置表格样式，并利用这些知识制作出了登录页面。本任务将学习表单相关的知识内容，并利用这些知识来制作注册页面。

任务 2 整体介绍

下面，大家通过检索关键词"表单标签""输入标签""按钮标签""下拉选择框""文本域"来触发本次学习任务。

学习目标

知识目标

★ 了解表单的作用，熟悉表单的结构和格式。

★ 掌握不同类型表单控件的语法结构和特点。

★ 掌握不同类型表单控件之间的差异，熟悉它们的应用场景。

能力目标

★ 能够正确使用表单标签建立表单。

★ 能够灵活运用不同类型的表单控件进行表单设计。

★ 能够使用表格对表单进行布局。

思政目标

★ 培养学生一丝不苟的态度和精益求精的工匠精神。

★ 培养学生的环保意识和生态文明建设意识。

★ 培养学生的民族自信、文化自信和家国情怀。

思维导图

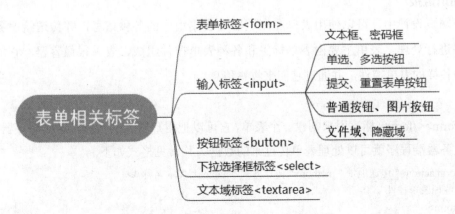

📖 **任务描述**

按照图 3-2-1 所示的效果完成注册页面的制作。

图 3-2-1　注册页面效果

👉 **任务要求**

1. 请同学们课前预习表单相关的知识点并完成任务工作单 3-2-1。

2. 请同学们课中完成知识链接部分的学习并完成任务工作单 3-2-2。

3. 请同学们按任务描述完成图 3-2-1 所示注册页面的制作，并将制作过程中出现的问题、产生原因和解决方案记录在任务工作单 3-2-3 中。

4. 请同学们在完成注册页面后填写评价表。

🔍 **知识链接**

在网页设计中，可以使用表单在浏览器端收集用户的各种信息，并传送给服务器端程序进行处理。表单主要由表单标签和各种表单控件组成，表单很像容器，它能容纳各种各样的表单控件，并通过它们来收集信息。

1. 表单标签 <form></form>

<form></form> 标签用来创建一个表单，它可以把用户输入的数据传送到服务器端，这样服务器端程序就可以处理表单传过来的数据。其常见格式如下：

```
<form action=" 传送地址 " method=" 传送方式 " name=" 表单名称 ">
    各种表单控件
</form>
```

<form> 标签通过属性定制表单的行为，其常见属性如表 3-2-1 所示。

表 3-2-1 <form> 标签的常见属性

属性	说明
action	接收表单数据的服务器程序 URL，如一个 JSP 页面
method	表单数据传送的方式，取值为 get（默认值）或 post
name	指定表单的名称

小提示：get 与 post 的区别。

● get 方式所提交的数据会显示在浏览器地址栏中，不利于数据保密，而且数据量大小也会限制在 2KB 左右，但其执行效率高于 post 方式。

● post 方式所提交的数据不会显示在浏览器地址栏中，安全性较高，而且数据量大小无限制。

2. 输入标签 <input />

<input/> 是最重要的表单控件标签，其基本语法格式如下：

`<input type=" 控件类型 " name=" 控件名称 " value=" 默认文本值 " />`

在上述格式中，name 属性指定了控件的名称，在表单提交后服务器端程序可以根据名称接收该控件的数据，value 属性为 input 控件设置默认文本值，type 属性通过不同属性值的设置可以实现不同类型 input 控件的定义。type 属性的常见取值如表 3-2-2 所示。

表 3-2-2 type 属性常见取值

type 属性值	说明
text	单行文本输入框
password	密码输入框（输入内容将会以特殊符号隐藏显示）
radio	单选按钮
checkbox	多选按钮
submit	提交表单按钮
reset	重置表单按钮
button	普通按钮
image	图片形式提交表单按钮
file	文件域
hidden	隐藏域

具体说明如下：

（1）单行文本输入框。单行文本输入框可以用于输入普通文本信息，示例如下：

`<input type="text" name="username" />`

（2）密码输入框。密码输入框与普通文本输入框类似，不同之处在于密码输入框中输入的文本将以圆点等特殊符号隐藏显示，示例如下：

```
<input type="password" name="password" />
```

（3）单选按钮。单选按钮用于单项选择，用户只能在所提供的若干选项中选择其一，从而规范数据输入，保证数据有效性，示例如下：

```
<input type="radio" name="class" value="2301" checked />2301 班
<input type="radio" name="class" value="2302" />2302 班
```

注意，在使用单选按钮时，应当为同一组的单选按钮设置相同的 name 属性值，这样才能正确呈现单选效果。另外，可以使用 checked 属性指定默认选中项，value 属性的值表示该选项选定时表单提交给服务器端程序的具体值。

（4）多选按钮。多选按钮允许用户进行多项选择，示例如下：

```
<input type="checkbox" name="event" value="football" /> 足球
<input type="checkbox" name="event" value="basketball" /> 篮球
<input type="checkbox" name="event" value="swim" /> 游泳
```

注意，同一组的多选按钮也应当设置相同的 name 属性值。另外，也可以使用 checked 属性指定默认选中项。

（5）提交表单按钮。提交表单按钮用于确定并提交表单数据，示例如下：

```
<input type="submit" value=" 提交 " />
```

用户在填写完表单内容后，通过单击该按钮将表单数据提交（传送）给服务器端程序。value 属性可以修改提交按钮上的默认文本。

（6）重置表单按钮。重置表单按钮用于重置表单中的数据，示例如下：

```
<input type="reset" />
```

单击该按钮可以重置表单中各控件的已输入值。另外，也可以通过 value 属性修改重置按钮上的默认文本值。

（7）普通按钮。普通按钮没有预设功能，单击后的效果需要结合 JavaScript 实现。目前，我们仅需了解普通按钮的定义即可，示例如下：

```
<input type="button" value=" 普通按钮 " />
```

（8）图片形式提交表单按钮。图片形式提交表单按钮的功能与普通的提交表单按钮类似，但该按钮能设置按钮背景图片，因此显得更为美观，示例如下：

```
<input type="image" src="img/1.jpg" width="100" height="50" />
```

使用 src 属性指定按钮背景图片的 URL，使用 width 和 height 属性设置按钮的宽度和高度。

（9）文件域。文件域控件用于选取本地文件并提交给服务器端程序，示例如下：

```
<input type="file" name="img" />
```

（10）隐藏域。表单中的隐藏域对于用户来说是不可见的，常用来存放或提交一些无须用户干预的数据，示例如下：

```
<input type="hidden" name="id" value="1" />
```

小提示：应注意将 <input> 元素正确放置在 <form> 与 </form> 标签之间，以便表单能成功提交控件中的数据。

【例 3-2-1】常见 <input> 元素举例。

```
<!DOCTYPE html>
<html>
  <head>
    <meta charset="utf-8">
    <title>input 常见控件 </title>
  </head>
  <body>
  <form action="" method="post">
    用户名：<input type="text" name="username" /><br>
    密码：<input type="password" name="password" /><br>
    班级：<input type="radio" name="class" value="2301" checked />2301 班
    <input type="radio" name="class" value="2302" />2302 班 <br>
    参加项目：<input type="checkbox" name="event" value="football" /> 足球
    <input type="checkbox" name="event" value="basketball" /> 篮球
    <input type="checkbox" name="event" value="swim" /> 游泳 <br>
    上传相片：<input type="file" name="img" /><br>
    <input type="hidden" name="id" value="1" /><hr>
    <input type="submit" value=" 提交 " />
    <input type="reset" />
  </form>
  </body>
</html>
```

代码运行效果如图 3-2-2 所示。

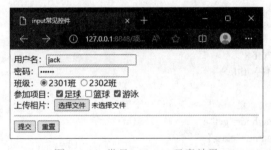

图 3-2-2　常见 <input> 元素效果

3．按钮标签 <button></button>

<button> 标签的功能与 <input> 按钮类型控件相同，该标签是双标签，内部可以嵌套其他行内元素。<button> 标签默认定义的是提交表单按钮，可以通过 type 属性修改按钮类型。按钮标签示例如下：

```
<button type="button"> 第二个普通按钮 </button>
<button type="submit"> 第二个提交按钮 </button> <!-- 此 type 属性可省略 -->
<button type="reset"> 第二个重置按钮 </button>
```

4．下拉选择框标签 <select></select>

<select> 标签是网页设计中的常用标签，它通过下拉式菜单的形式限制用户的选择输入，<select> 标签需要结合 <option> 标签定义具体选项，其基本语法格式如下：

```
<select name=" 控件名称 ">
   <option value=" 提交值 1"> 选项一 </option>
   <option value=" 提交值 2"> 选项二 </option>
   <option value=" 提交值 3"> 选项三 </option>
</select>
```

<select> 标签的常见属性如表 3-2-3 所示。

表 3-2-3　<select> 标签的常见属性

属性	说明
name	指定下拉选择框的名称
size	指定下拉菜单的可见选项数
multiple	通过 multiple="multiple"（可简写为 multiple）设置菜单选项可多选。此时，可配合 Shift 键或 Ctrl 键进行多选

<option> 标签的常见属性如表 3-2-4 所示。

表 3-2-4　<option> 标签的常见属性

属性	说明
value	指定该选项选定时表单提交给服务器端程序的具体值
selected	通过 selected="selected"（可简写为 selected）设置当前选项为默认选中项

【例 3-2-2】<select> 元素举例。

```
<!DOCTYPE html>
<html>
  <head>
    <meta charset="utf-8">
    <title>select 控件 </title>
  </head>
  <body>
  <form action="" method="get">
    班级：<select name="class">
      <option value="2301">2301 班 </option>
      <option value="2302" selected>2302 班 </option>
    </select><br>
    参加项目（可多选）：<select name="event" multiple>
      <option value="football" selected> 足球 </option>
      <option value="basketball"> 篮球 </option>
      <option value="swim" selected> 游泳 </option>
    </select>
    <hr>
    <input type="submit" value=" 提交 " />
    <input type="reset" />
  </form>
  </body>
</html>
```

代码运行效果如图 3-2-3 所示。

图 3-2-3 <select> 元素效果

5. 文本域标签 <textarea></textarea>

当用户需要输入大量文字时，可以使用文本域标签。与单行文本输入框不同的是，文本域支持多行文本的输入与显示，其基本语法格式如下：

```
<textarea name=" 控件名称 " cols=" 文本域列数 " rows=" 文本域行数 ">
    文本框内默认文本
</textarea>
```

在上述格式中，name 属性指定了文本域控件的名称，cols 属性指定了文本域的列数（每行可显示的字符数），rows 属性指定了文本域的行数（可显示文本的行数）。

小提示：cols 和 rows 属性仅在文本域控件没有设置 CSS 样式的 width 和 height 属性时有效，建议使用 CSS 设置文本域的宽度和高度。

【例 3-2-3】<textarea> 元素举例。

```
<!DOCTYPE html>
<html>
  <head>
    <meta charset="utf-8">
    <title>textarea 控件 </title>
  </head>
  <body>
  <form action="" method="post">
    备注：<br>
    <textarea name="note" cols="36" rows="6"> 这是缺省的备注信息 </textarea><br>
    <input type="submit" />
  </form>
  </body>
</html>
```

代码运行效果如图 3-2-4 所示。

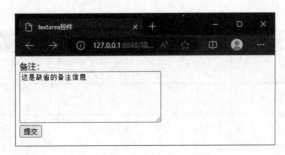

图 3-2-4 <textarea> 元素效果

📚 **任务实施**

（1）请同学们课前预习表单相关的知识点并完成任务工作单 3-2-1。

任务工作单 3-2-1

组号： 姓名： 学号：

问题	解答
表单的作用是什么？尝试写出表单的基本语法结构。	
get 和 post 方式的区别有哪些？	
思考一下：在设计表单时，如果需要收集用户所在的省份信息，使用什么样的表单控件比较合适？为什么？	

（2）通过对知识链接部分的学习，请同学们根据任务工作单 3-2-2 中的效果描述准确写出相关实现代码。

任务工作单 3-2-2

组号： 姓名： 学号：

效果	实现代码
编写代码实现下述表单，并将关键实现代码填写在右侧表格中，要求使用表格进行布局。 客户姓名：赵云 收货地址：[_____] 手机号码：[_____] 支付方式：现金 ▾ [提交]　现金 　　　　微信 　　　　支付宝	

（3）请同学们根据图 3-2-1 所示制作注册页面，并将制作过程中出现的问题、产生原因和解决方案记录在任务工作单 3-2-3 中。

任务工作单 3-2-3

组号： 姓名： 学号：

问题	产生原因	解决方案

📚 评价反馈

评价表

任务编号	3-2		任务名称		制作注册页面			
组名			姓名		学号			
评价项目						个人自评	小组互评	教师评价
课程表现	学习态度（5分）							
	沟通合作（5分）							
	回答问题（5分）							
知识掌握	了解表单的作用，掌握表单的结构和格式（5分）							
	掌握不同类型表单控件的使用（5分）							
	掌握不同类型表单控件之间的差异，熟悉它们的应用场景（5分）							
任务达成	页面整体显示效果是否与效果图相符，共计10分，有如下4种分值： 1. 高度一致得10分 2. 比较一致得8分 3. 基本一致得6分 4. 完全不同得0分							
	页面导航区显示是否符合要求，评分点如下： 1. 背景颜色的设置是否正确（3分） 2. Logo的显示是否正确（3分） 3. 菜单项的显示是否正确（3分） 4. 菜单项的悬停效果是否正确（3分） 5. 文字是否显示正确，无错别字（3分）							
	页面主体区显示是否符合要求，评分点如下： 1. 注册表单中各元素布局是否符合要求，不符合处扣1分（10分） 2. 注册表单中的表单控件选择合理、使用正确，不合理或使用不正确处扣1分（10分） 3. 注册表单中所使用的字体和对齐方式是否符合要求，不符合处扣1分（10分）							
	页面底部版权区显示是否符合要求，评分点如下： 1. 内容少一项扣1分（3分） 2. 样式是否与效果图相符（2分）							
	代码编写是否符合网页开发规范，评分点如下： 1. 命名规范：能做到见名知意（4分） 2. 代码排版规范：缩进统一，方便阅读（2分） 3. 注释规范：通过注释能清楚地知道页面各功能区代码及其样式代码的位置（4分）							
得分								
经验总结反馈建议								

任务 3 设计并制作"家乡调查"页面

在任务1和任务2中，我们学习了表格以及表单相关的基础知识，并综合运用这些知识制作出了登录页面和注册页面。本任务将深入学习表单知识，了解HTML5中新增表单控件的类型和属性，然后我们可以发挥自己的创意和思考，结合所学的知识，独立完成"家乡调查"页面的设计与制作，从而检验学习成效。下面，大家可以通过检索关键词"input 控件新类型"和"input 控件新属性"来触发本次学习任务。

任务3整体介绍

▶ **学习目标**

知识目标

★ 掌握 HTML5 新类型表单控件的语法结构和特点。

★ 掌握 HTML5 新增 input 控件属性的使用。

能力目标

★ 能够正确使用 HTML5 新类型表单控件。

★ 能够正确使用 HTML5 新增 input 控件属性。

思政目标

★ 培养学生一丝不苟的态度和精益求精的工匠精神。

★ 培养学生的环保意识和生态文明建设意识。

★ 培养学生的民族自信、文化自信和家国情怀。

思维导图

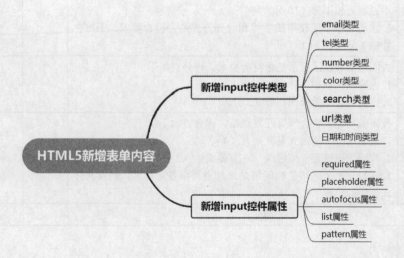

📖 任务描述

设计并制作"家乡调查"页面，实现对用户家乡各类信息的收集与调查，要求页面设计美观、操作方便，同时合理运用各类表单控件完成信息的收集。表单可使用表格布局，页面整体可使用 DIV+CSS 进行布局，并且要求创建一个外部样式文件，在网页中链接所创建的外部样式文件。网页所需素材可通过百度等网站搜索。

👉 任务要求

1. 请同学们课前完成"家乡调查"页面的需求分析和调研，同时收集并整理好制作网页所需的素材，完成任务工作单 3-3-1。

2. 请同学们课中完成知识链接部分的学习并完成任务工作单 3-3-2。

3. 请同学们按任务描述完成"家乡调查"页面的设计与制作，并将制作过程中出现的问题、产生原因和解决方案记录在任务工作单 3-3-3 中。

4. 请同学们在完成"家乡调查"页面的设计与制作后填写评价表。

🔍 知识链接

通过任务 2 的学习，我们掌握了常见类型 input 控件的使用，为了提高开发人员制作表单的效率，HTML5 提供了一系列新的 input 控件类型和属性，以实现丰富的表单控制和验证功能。

1. HTML5 新增 input 控件类型

HTML5 的 type 属性新增了 email、tel 等属性值，以实现多种类型的 input 控件，具体如表 3-3-1 所示。

表 3-3-1　type 属性新增属性值

属性值	说明
email	电子邮件格式文本输入框
tel	电话号码输入框
number	数字输入框
range	数值范围滑动条
color	颜色值选择（输入）框
search	搜索关键词输入框
url	URL 格式文本输入框
date	日期选择（输入）框
month	月份选择（输入）框
week	周次选择（输入）框
time	时间选择（输入）框
datetime	日期和时间选择（输入）框（UTC 时间）
datetime-local	本地日期和时间选择（输入）框

（1）email。该类型输入框可用于输入电子邮件格式文本，它可以规范电子邮件信息的输入，如果输入的内容不符电子邮件格式，提交表单时将弹出错误提示，示例代码如下：

```
<input type="email" name="i_email" />
```

（2）tel。该类型输入框可用于输入电话号码，与电子邮件输入框不同的是，它需要结合 pattern 属性实现对所输入电话号码格式的校验。pattern 属性中通常使用正则表达式定义具体的电话号码格式（正则表达式相关内容本书不做要求，有兴趣的同学可以自行查阅相关资料进行学习），示例代码如下：

```
<input type="tel" name="i_tel" pattern="^\d{11}$" />
```

在以上代码中，pattern 属性定义了手机号码的输入格式需为 11 位数字，如果输入的内容不符合输入格式要求，提交表单时将弹出错误提示。关于 pattern 属性的使用将在后续详细介绍。

小提示：可以使用 oninvalid 属性自定义错误提示文字内容，例如：

```
<input type="tel" name="i_tel" pattern="^\d{11}$" oninvalid= "setCustomValidity(' 请输入 11 位数字 ')" />
```

（3）number。该类型输入框可用于输入数值类型数据，非数字且与数值无关的字符均无法进行输入，该类型输入框右侧同时提供了控制按钮对输入数据进行递增和递减操作，示例代码如下：

```
<input type="number" name="i_number" max="100" min="0" step="2" />
```

在以上代码中，使用 max 属性限定输入的最大值为 100，使用 min 属性限定输入的最小值为 0，使用 step 属性设置了控制按钮递增或递减的步长值为 2。如果输入的内容不是数值或数值大小不在限定范围内，提交表单时将弹出错误提示。

（4）range。该类型输入框的使用方法与 number 类型输入框相似，只不过该类型的呈现方式为滑动条，用户可以通过拖放滑动条的方式确定数值。

（5）color。该类型的控件可用来进行颜色值的选取或输入，用户可以通过拾色器直观快速地选取颜色，或者通过输入 RGB 值的方式确定颜色，示例代码如下：

```
<input type="color" name="i_color" />
```

颜色选择控件效果如图 3-3-1 所示。

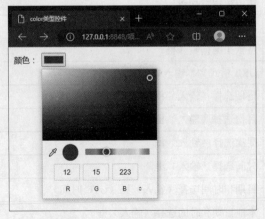

图 3-3-1　颜色选择控件效果

（6）search。该类型输入框可用于输入搜索关键词，输入框右侧附带的删除按钮可以让用户快速清除已输入的内容，示例代码如下：

```
<input type="search" name="i_search" />
```

（7）url。该类型输入框可用于输入 URL 地址格式文本，它可以规范 URL 信息的输入，如果输入的内容不符合 URL 的格式，提交表单时将弹出错误提示，示例代码如下：

```
<input type="url" name="i_url" />
```

（8）日期和时间。日期和时间类型的 input 控件具体包括 date、month、week、time、datetime、datetime-local 等，它们提供了对各种日期时间值进行选择或输入的功能，示例代码如下：

```
<input type="date" name="i_date" />
```

日期控件日历选择效果如图 3-3-2 所示。

图 3-3-2　日期控件日历选择效果

各日期和时间类型控件显示效果如图 3-3-3 所示。

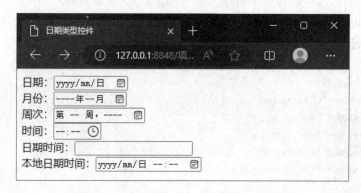

图 3-3-3　各日期和时间类型控件显示效果

2. HTML5 新增 input 控件属性

HTML5 扩展了一些新的 input 控件属性，以增强控件的功能，下面对部分重要属性进行介绍。

（1）required 属性。required 属性用于限定输入框必须填写内容，否则在提交表单时将弹出错误提示，示例代码如下：

```
<input type="tel" name="i_tel" required />
```

required 属性效果如图 3-3-4 所示。

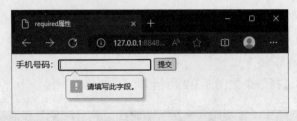

图 3-3-4   required 属性效果

（2）placeholder 属性。placeholder 属性用于在输入框中显示提示信息，当输入框中存在输入内容时提示信息将消失，示例代码如下：

```
<input type="tel" name="i_tel" placeholder=" 请输入 11 位手机号码 " />
```

placeholder 属性效果如图 3-3-5 所示。

图 3-3-5   placeholder 属性效果

（3）autofocus 属性。autofocus 属性用于设置指定输入控件在页面加载时自动获得焦点，以方便用户输入，示例代码如下：

```
<input type="tel" name="i_tel" autofocus />
```

（4）list 属性。list 属性用于将输入框与 <datalist> 元素关联，当用户单击输入框时关联的 <datalist> 元素将会以下拉列表的方式呈现，以供用户选择。使用时，需要将 list 属性的值设置为 <datalist> 元素的 id，示例代码如下：

```
请选择开发语言： <input type="text" name="i_list" list="mylist" />
<datalist id="mylist">
  <option value="C"></option>
  <option value="C++"></option>
  <option value="Java"></option>
  <option value="JavaScript"></option>
  <option value="Python"></option>
</datalist>
```

list 属性效果如图 3-3-6 所示。

图 3-3-6 list 属性效果

（5）pattern 属性。pattern 属性用于设置输入框中所输入内容的校验格式，校验格式使用正则表达式编写，若输入的内容不满足校验格式，则提交表单时将弹出错误提示。pattern 属性适用于 text、tel、email、password、search、url 等类型的 input 控件。pattern 属性示例代码如下：

```
请输入账号：
<input type="text" name="username" pattern="^[a-zA-Z][a-zA-Z0-9_]{5,18}$" />
请输入身份证：
<input type="text" name="idcard" pattern="^\d{17}(\d|x|X)$" />
```

pattern 属性效果如图 3-3-7 所示。

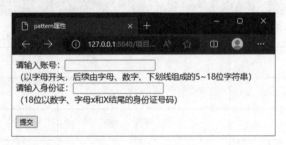

图 3-3-7 pattern 属性效果

任务实施

（1）请同学们课前完成"家乡调查"页面的需求分析和调研，同时收集并整理好制作该页面所需的素材，并在任务工作单 3-3-1 中绘制出"家乡调查"页面的布局结构图。

任务工作单 3-3-1

组号：　　　　　　姓名：　　　　　　学号：

（2）通过对知识链接部分的学习完成任务工作单 3-3-2。

任务工作单 3-3-2

组号：　　　　　　　　姓名：　　　　　　　　学号：

问题	解答
datetime 与 datetime-local 类型的控件有什么区别？	
以下两种方式均可实现下拉列表，请描述两者的区别： （1）使用下拉选择框 <select> 元素实现 （2）使用 input 控件的 list 属性结合 <datalist> 元素实现	
pattern 属性适用于哪些类型的 input 控件？	

3. 请同学们结合任务工作单 3-3-1 的页面布局设计并制作"家乡调查"页面，将制作过程中出现的问题、产生原因和解决方案记录在任务工作单 3-3-3 中。

任务工作单 3-3-3

组号：　　　　　　　　姓名：　　　　　　　　学号：

问题	产生原因	解决方案

评价反馈

评价表

任务编号	3-3	任务名称		设计并制作"家乡调查"网页			
组名		姓名		学号			
评价项目					个人自评	小组互评	教师评价
课程表现	学习态度（5分）						
	沟通合作（5分）						
	回答问题（5分）						
知识掌握	掌握 HTML5 新类型表单控件的使用（7分）						
	掌握 HTML5 新增 input 控件属性的使用（7分）						
任务达成	页面布局结构是否合理，操作方便（10分）						
	合理运用各类表单控件完成信息的收集，每运用一项可得1分，最多16分，存在不合理或错误每处扣1分（16分）						
	网页的色彩搭配是否美观、合理（10分）						
	网页的内容是否饱满且健康，是否符合主题要求（15分）						
	网页是否新颖且具有创意，共计10分，有如下4种分值： 1. 非常新颖且有创意得10分 2. 比较新颖且有创意得8分 3. 50%以上与课堂案例雷同，没有创新得6分 4. 90%以上与课堂案例雷同，没有创新得3分						
	代码编写是否符合网页开发规范，评分点如下： 1. 命名规范：能做到见名知意（4分） 2. 代码排版规范：缩进统一，方便阅读（2分） 3. 注释规范：通过注释能清楚地知道页面各功能区代码及其样式代码的位置（4分）						
得分							
经验总结反馈建议							

项目 4 盒子布局排版

任务 1 制作"湘西美食"页面

　　在 HTML5 页面文档中，每个元素均可以看作一个盒子。利用盒子的各种属性可以让页面各元素按我们的设计安排进行排版布局，从而得到令人满意的视觉效果。本项目将在了解湘西饮食文化的基础上设计并完成相关页面，让我们为传播中华传统饮食文化，推动湘西少数民族地区的发展贡献自己的一份力量。大家可以通过检索关键词"盒子模型""盒子的基本属性""盒子的布局排版"来触发本次学习任务。

任务 1 整体介绍

▶ **学习目标**

知识目标

★ 了解盒子模型的概念及组成。

★ 掌握盒子实际大小的计算方法。

★ 掌握盒子大小、边框、内边距、外边距属性的设置方法。

★ 掌握使用盒子进行页面布局排版的基本方法步骤。

能力目标

★ 能正确计算盒子的实际大小。

★ 能正确理解盒子的大小、边框、内边距、外边距属性的作用，并能根据需要正确进行属性值设置。

★ 能灵活运用盒子的各种属性特点完成指定页面的布局排版。

★ 能综合运用所学知识制作出"湘西美食"页面。

思政目标

★ 培养学生一丝不苟的态度和精益求精的工匠精神。

★ 培养学生的团队协作意识、竞争意识。

★ 培养学生的民族自信、文化自信和家国情怀。

思维导图

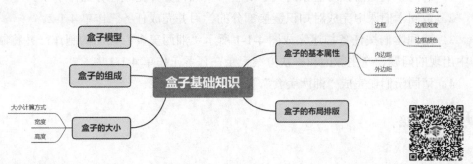

制作"湘西美食"页面

任务描述

任何一种文化均承袭着它渊远的历史，湘西的饮食文化也不例外，它始终饱含着这一方热土千百年来历经的历史，并形成湘西饮食特有的风味。湘西饮食介于湖湘饮食和巴渝饮食之间，立足本地资源，借助气候条件形成了酸、辣、腊、鲜的特色，可以说是自成一家。请按照图 4-1-1 所示的效果完成"湘西美食"页面的制作。

图 4-1-1 "湘西美食"页面效果

☞ **任务要求**

1．请同学们课前预习盒子的大小及基本属性设置并完成任务工作单 4-1-1。

2．请同学们课中完成对知识链接部分的学习并完成任务工作单 4-1-2。

3．请同学们按任务描述完成图 4-1-1 所示"湘西美食"页面的制作，并将制作过程中出现的问题、产生原因和解决方案记录在任务工作单 4-1-3 中。

4．请同学们在完成"湘西美食"页面后填写评价表。

🔍 **知识链接**

1．盒子模型

盒子模型就是把 HTML5 页面中的每个元素都看作一个矩形盒子，可以把它想象成一个容器，其内部可以是文本内容或其他页面元素。盒子模型是页面布局的三大核心之一（其他两个是浮动和定位），学习好盒子模型能很好地帮助我们布局页面。

2．盒子的组成

一个盒子由内向外可以分为以下 4 个部分：

（1）content（内容）：页面的实际内容，可以是该盒子元素的文本内容，也可以是另外一个盒子，即盒子可以多层嵌套。

（2）padding（内边距）：内容距盒子边框的距离，可以理解为在白纸上写字时的留白，分为上、下、左、右内边距，分别对应 padding-top、padding-bottom、padding-left、padding-right 这 4 个属性。

（3）border（边框）：围绕内容和内边距外的边框，分为上、下、左、右边框，分别对应 border-top、border-bottom、border-left、border-right 这 4 个属性。

（4）margin（外边距）：盒子边框与其相邻元素的距离，分为上、下、左、右外边距，分别对应 margin-top、margin-bottom、margin-left、margin-right 这 4 个属性。

盒子模型结构图如图 4-1-2 所示。

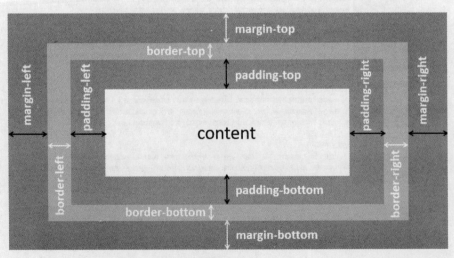

图 4-1-2 盒子模型结构图

3. 盒子的大小

盒子的大小是指盒子在页面中实际占据的宽度和高度，它除了与上述内外边距及边框宽度有关外，还与盒子本身的 width（宽度）、height（高度）和 box-sizing 这 3 个属性值密切相关。

（1）width 和 height 属性。width 和 height 属性分别设置元素的宽度和高度。默认情况下，width 和 height 属性值就是图 4-1-2 中 content 的宽和高的值（不包括内边距、边框和外边距）。

这两个属性定义的基本语法如下：

```
width:auto| 长度 | 百分比 ；
height:auto| 长度 | 百分比 ；
```

其中，auto 为默认值，此时的宽、高值由浏览器根据其他相关属性值计算；长度是以 px、cm 等单位的绝对值；百分比是以父容器的该属性值为参照计算。

【例 4-1-1】定义宽度为 <body> 元素的 80%，高度为 100px 的 <div> 元素。

```
<!DOCTYPE html>
<html>
  <head>
    <meta charset="utf-8">
    <title> 盒子的 width 和 height 属性 </title>
    <style>
      .content{
        width: 80%;                    /* 设置宽度 */
        height: 100px;                 /* 设置高度 */
        border: 1px solid #000;        /* 设置边框线 */
      }
    </style>
  </head>
  <body>
    <div class="content">
      div 盒子的内容区
    </div>
  </body>
</html>
```

（2）box-sizing 属性。该属性是 CSS3 的新增属性，可以改变盒子的 width 和 height 属性值的应用方式，从而改变盒子实际大小的计算方式。其基本语法如下：

```
box-sizing: content-box|border-box;
```

其中，content-box 是默认值，此时 width 和 height 属性值指内容的宽和高；取值为 border-box 时 width 和 height 属性值指包含了内容、内边距、边框在内的区域范围的宽和高。

box-sizing 属性值为 content-box 的盒子宽高属性示意图如图 4-1-3 所示，box-sizing 属性值为 border-box 的盒子宽高属性示意图如图 4-1-4 所示。

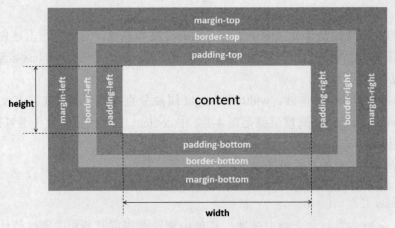

图 4-1-3　box-sizing 属性值为 content-box 的盒子宽高属性示意图

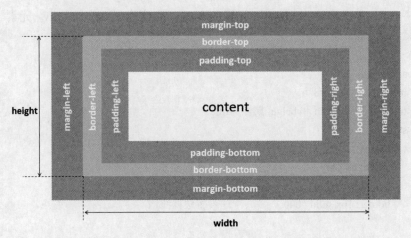

图 4-1-4　box-sizing 属性值为 border-box 的盒子宽高属性示意图

（3）盒子大小的计算（表 4-1-1）。

表 4-1-1　盒子大小计算公式

box-sizing 属性值	盒子大小的计算公式
content-box	从图 4-1-3 不难看出，计算公式（默认计算公式）为： 盒子的宽度 = width + padding-left + padding-right + border-left + border-right + margin-left + margin-right 盒子的高度 = height + padding-top + padding-bottom + border-top + border-bottom + margin-top + margin-bottom
border-box	从图 4-1-4 不难看出，计算公式为： 盒子的宽度 = width + margin-left + margin-right 盒子的高度 = height + margin-top + margin-bottom

【例 4-1-2】我来写：根据下述代码写出盒子的实际大小。

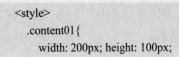

```
<style>
  .content01{
    width: 200px; height: 100px;
```

```
        padding: 30px 20px;
        margin: 10px;
        border: 10px solid #000;
    }
</style>
<div class="content01"> 内容区 </div>
```

盒子 \<div\> 元素大小：宽度 =＿＿＿＿，高度 =＿＿＿＿。

```
<style>
    .content02{
        box-sizing: border-box;
        width: 200px; height: 100px;
        padding: 30px 20px;
        margin: 10px;
        border: 10px solid #000;
    }
</style>
<div class="content02"> 内容区 </div>
```

盒子 \<div\> 元素大小：宽度 =＿＿＿＿，高度 =＿＿＿＿。

4. 盒子的基本属性

（1）边框。盒子边框即为边框线，其属性包括边框样式、宽度、颜色三个方面。

1）边框样式属性。边框样式控制线型，属性有 border-style、border-top-style、border-bottom-style、border-left-style、border-right-style。后 4 个属性分别设置盒子的上、下、左、右边框线的线型；第一个属性根据值的写法不同，一次性设置盒子所有边为相同或不同线型。

其基本语法有两种形式，第一种如下：

```
border-style: 所有边框样式值 ;
border-style: 上下边框样式值 左右边框样式值 ;
border-style: 上边框样式值 左右边框样式值 下边框样式值 ;
border-style: 上边框样式值 右边框样式值 下边框样式值 左边框样式值 ;
```

第二种如下：

```
border-top-style: 样式值 ;
border-bottom-style: 样式值 ;
border-left-style: 样式值 ;
border- right-style: 样式值 ;
```

其中，border-style 是简写方式，设置边框样式，取值可以是 1～4 个值，值之间用空格隔开。值的个数不同，控制的边也不同，具体如何控制看语法中的描述。边框样式取值如表 4-1-2 所示。

表 4-1-2　边框样式取值

取值	说明
none	无边框，系统默认值
hidden	隐藏边框

取值	说明
dotted	点线边框
dashed	虚线边框
solid	单实线边框
double	双实线边框，是两个边框，两个边框的宽度和 border-width 的值相同
groove	3D 沟槽，效果取决于边框的颜色值
ridge	3D 脊边框，效果取决于边框的颜色值
inset	3D 嵌入边框，效果取决于边框的颜色值
outset	3D 突出边框，效果取决于边框的颜色值

小提示：边框属性值 none 和 hidden 的异同点。

①两者均会引起 border-width 值计算结果为 0。

②在单元格边框重叠情况下，none 值优先级低，如果存在其他的重叠边框，则会显示为那个边框。hidden 值优先级最高，如果存在其他的重叠边框，边框不会显示。

【例 4-1-3】展示表 4-1-2 中所有的盒子边框样式，效果如图 4-1-5 所示，源码请到万水书苑网站（www.wsbookshow.com）下载。

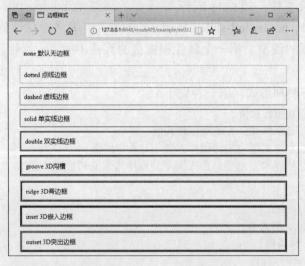

图 4-1-5　各种边框样式效果

【例 4-1-4】我来写：根据图 4-1-6 所示的效果在代码中的空白处填写相关代码。

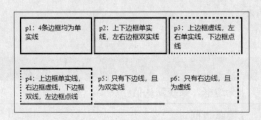

图 4-1-6　边框样式任务要求描述及效果

```
/* 盒子 HTML 代码  */                              <style>
<p class="p1">                                      p{
  p1：4 条边框均为单实线                                border-width: 3px; /* 线宽 3px */
</p>                                                    display: inline-flex; /* 行内块级弹性伸缩盒显示 */
<p class="p2">                                          padding: 10px;
  p2：上下边框单实线，左右边框双实线                        width: 160px;
</p>                                                 }
<p class="p3">                                       .p1{
  p3：上边框虚线，左右单实线，下边框点线                    _____
</p>                                                 }
<p class="p4">                                       .p2{
  p4：上边框单实线，右边框虚线，下边框双                    _____
线，左边框点线                                       }
</p>                                                 .p3{
<p class="p5">                                          _____
  p5：只有下边线，且为双实线                           }
</p>                                                 .p4{
<p class="p6">                                          _____
  p6：只有右边线，且为虚线                             }
</p>                                                 .p5{
                                                       _____
                                                     }
                                                     .p6{
                                                       _____
                                                     }
                                                   </style>
```

2）边框宽度属性。边框宽度属性有 border-width、border-top-width、border-bottom-width、border-left-width、border-right-width。后 4 个属性分别设置盒子的上、下、左、右边框线宽度；第一个属性根据值的写法不同，一次性设置盒子所有边为相同或不同宽度。

其基本语法有两种形式，第一种如下：

border-width: 所有边框宽度值；
border-width: 上下边框宽度值 左右边框宽度值；
border-width: 上边框宽度值 左右边框宽度值 下边框宽度值；
border-width: 上边框宽度值 右边框宽度值 下边框宽度值 左边框宽度值；

第二种如下：

border-top-width: 宽度值；
border-bottom-width: 宽度值；
border-left-width: 宽度值；
border-right-width: 宽度值；

其中，border-width 是简写方式，设置边框宽度，取值可以是 1～4 个值，值之间用空格隔开。值的个数不同，控制的边也不同，具体如何控制看语法中的描述。宽度值可以是带长度单位的数值，也可以是表示宽度的关键字，如 5px、2em、medium（中等）、thin（细）、thick（粗）。

【例 4-1-5】我来写：根据图 4-1-7 所示的效果在代码中的空白处填写相关代码。

图 4-1-7　边框宽度任务要求描述及效果

```
/* 盒子 HTML 代码 */                    <style>
<p class="p1">                          p{
  p1：4 条边框均为 2px 单实线                /* 行内块级弹性伸缩盒显示 */
</p>                                      display: inline-flex;
<p class="p2">                            padding: 10px;
  p2：上下边框 2px，左右边框 2em，均为双线   width: 160px; height: 65px;
</p>                                    }
<p class="p3">                          .p1{
  p3：上边框 2px 虚线，左右 thick 双实线，下
边框 5px 点线                            _____
</p>                                      _____
<p class="p4">                          }
  p4：上边框 1px，右边框 2px，下边框 3px，   .p2{
左边框 4px，均为单实线
</p>                                      _____
<p class="p5">                            _____
  p5：只有下边框，且为 3px 点线             }
</p>                                     .p3{

                                          _____
                                          _____
                                        }
                                        .p4{

                                          _____
                                          _____
                                        }
                                        .p5{

                                          _____
                                        }
                                      </style>
```

3）边框颜色属性。边框颜色属性有 border-color、border-top-color、border-bottom-color、border-left-color、border-right-color。后 4 个属性分别设置盒子的上、下、左、右边框颜色；第一个属性根据值的写法不同，一次性设置盒子所有边为相同或不同颜色。

其基本语法有两种形式，第一种如下：

border-color: 所有边框颜色值；

> border-color: 上下边框颜色值 左右边框颜色值;
> border-color: 上边框颜色值 左右边框颜色值 下边框颜色值;
> border-color: 上边框颜色值 右边框颜色值 下边框颜色值 左边框颜色值;

第二种如下:

> border-top-color: 颜色值;
> border-bottom-color: 颜色值;
> border-left-color: 颜色值;
> border-right-color: 颜色值;

其中, border-color 是简写方式, 设置边框颜色, 取值可以是 1 ~ 4 个值, 值之间用空格隔开。值的个数不同, 控制的边也不同, 具体如何控制看语法中的描述。颜色值可以是以 "#" 开头的十六进制颜色值, 可以是表示颜色的关键字, 也可以是颜色函数 rgb() 或支持透明色函数 rgba(), 如 #000、#000000、black、rgba(0,0,0) 表示黑色, rgba(0,0,0,0.3) 表示透明度为 30% 的黑色。

【例 4-1-6】我来写: 根据图 4-1-8 所示的效果在代码中的空白处填写相关代码。

```
p1: 4条边框均为2px黑色单实线 (颜色值为#000000)

p2: 上下边框2px透明度为20%红色单实线, 左右边框2em红色单实线 (颜色值用函
数表示, 红色: rgb(255,0,0))

p3: 4条边框均为5px蓝色双实线 (颜色值用关键字表示)
```

图 4-1-8　边框颜色任务要求描述及效果

/* 盒子 HTML 代码 */	`<style>`
`<p class="p1">`	`p{ padding: 10px; }`
p1: 4 条边框均为 2px 黑色单实线 (颜色值为 #000000)	`.p1{`
`</p>`	_____
`<p class="p2">`	_____
p2: 上下边框 2px 透明度为 20% 红色单实线, 左右边框 2em 红色单实线 (颜色值用函数表示, 红色: rgb(255,0,0))	`}`
`</p>`	`.p2{`
`<p class="p3">`	_____
p3: 4 条边框均为 5px 蓝色双实线 (颜色值用关键字表示)	_____
`</p>`	`}`
	`.p3{`
	_____
	_____
	_____
	`}`
	`</style>`

4) 边框复合属性。边框复合属性可以同时设置边框的样式、宽度和颜色值, 属性

有 border、border-top、border-bottom、border-left、border-right。后 4 个属性分别设置盒子的上、下、左、右边框的样式、宽度和颜色值；第一个属性设置所有边为相同的样式、宽度和颜色值。

其基本语法如下：

```
border:[ 宽度 ][ 样式 ][ 颜色 ];
border-top: [ 宽度 ][ 样式 ][ 颜色 ];
border-bottom: [ 宽度 ][ 样式 ][ 颜色 ];
border-left: [ 宽度 ][ 样式 ][ 颜色 ];
border-right: [ 宽度 ][ 样式 ][ 颜色 ];
```

其中，属性值中"宽度""样式"和"颜色"可以同时设定一个或多个，值没有先后顺序要求，之间用空格隔开，取值同前所述，如 border:1px solid black 表示所有边框均为 1px 黑色单实线。

【例 4-1-7】我来写：根据图 4-1-9 所示的效果在代码中的空白处填写相关代码。

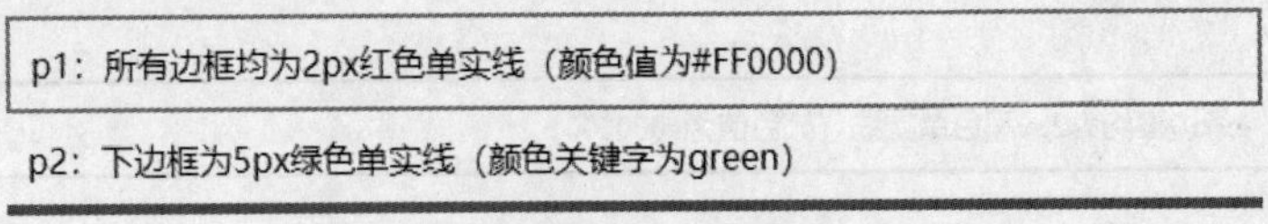

p1：所有边框均为2px红色单实线（颜色值为#FF0000）

p2：下边框为5px绿色单实线（颜色关键字为green）

图 4-1-9　边框属性任务要求描述及效果

```
/* 盒子 HTML 代码 */                          <style>
<p class="p1">                                 p{  padding: 10px; }
    p1：所有边框均为 2px 红色单实线（颜色值        .p1{
为 #FF0000）
</p>                                                 }
<p class="p2">                                  .p2{
    p2：下边框为 5px 绿色单实线（颜色关键字
为 green）                                           }
</p>                                          </style>
```

（2）内边距。内边距指盒子内容与边框之间的距离，属性有 padding、padding-top、padding-bottom、padding-left、padding-right。后 4 个属性分别设置盒子的上、下、左、右内边距的值；第一个属性根据值的写法不同，一次性设置盒子所有内边距相同或不同。

其基本语法有两种形式，第一种如下：

```
padding: 所有内边距值 ;
padding: 上内边距值 左右内边距值 ;
padding: 上内边距值 左右内边距值 下内边距值 ;
padding: 上内边距值 右内边距值 下内边距值 左内边距值 ;
```

第二种如下：

```
padding-top: 值 ;
padding-bottom: 值 ;
padding-left: 值 ;
padding-right: 值 ;
```

其中，padding 是简写方式，取值可以是 1 ～ 4 个值，值之间用空格隔开。值的个数不同，控制的内边距不同，具体如何控制看语法中的描述。属性取值可以是带长度单位（如 2px、2em）的，也可以是百分比，此时参照父容器的 width 属性值计算，如 30% 表示内边距为父容器宽度的 30%。

【例 4-1-8】我来写：根据图 4-1-10 所示的效果在代码中的空白处填写相关代码。

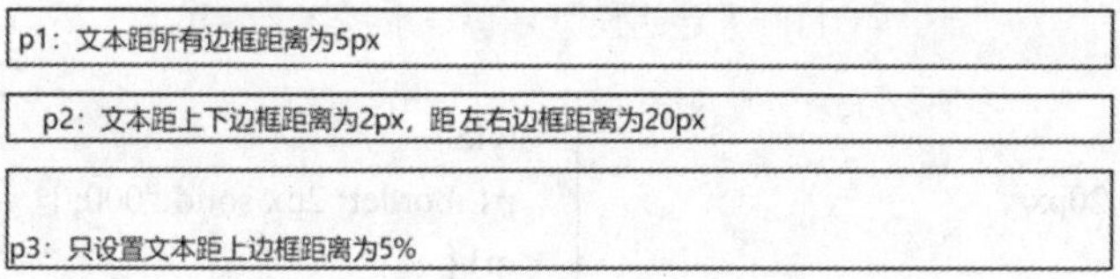

p1：文本距所有边框距离为5px
p2：文本距上下边框距离为2px，距左右边框距离为20px
p3：只设置文本距上边框距离为5%

图 4-1-10　内边距属性任务要求描述及效果

```
<p class="p1">
p1：文本距所有边框距离为 5px
</p>
<p class="p2">
p2：文本距上下边框距离为 2px，距左右边框
距离为 20px
</p>
<p class="p3">
p3：只设置距上边框距离为 5%
</p>
```

```
<style>
p{ border: 2px solid #000; }
.p1{
    _____

}
.p2{
    _____

}
.p3{
    _____

}
</style>
```

（3）外边距。外边距指盒子边框与其相邻元素的距离，属性有 margin、margin-top、margin-bottom、margin-left、margin-right。后 4 个属性分别设置盒子的上、下、左、右外边距的值；第一个属性根据值的写法不同，一次性设置盒子所有外边距相同或不同。

其基本语法有两种形式，第一种如下：

```
margin: 所有外边距值;
margin: 上外边距值 左右外边距值;
margin: 上外边距值 左右外边距值 下外边距值;
margin: 上外边距值 右外边距值 下外边距值 左外边距值;
```

第二种如下：

```
margin-top: 值;
margin-bottom: 值;
margin-left: 值;
margin-right: 值;
```

其中，margin 是简写方式，取值可以是 1 ～ 4 个值，值之间用空格隔开。值的个数不同，控制的外边距不同，具体如何控制看语法中的描述。属性取值可以是带长度单位的，且允许负值（如 2px、2em、-2px），也可以是百分比，此时参照父容器的 width 属性值计算，如 30% 表示外边距为父容器宽度的 30%。

【例 4-1-9】我来写：根据图 4-1-11 所示的效果在代码中的空白处填写相关代码。

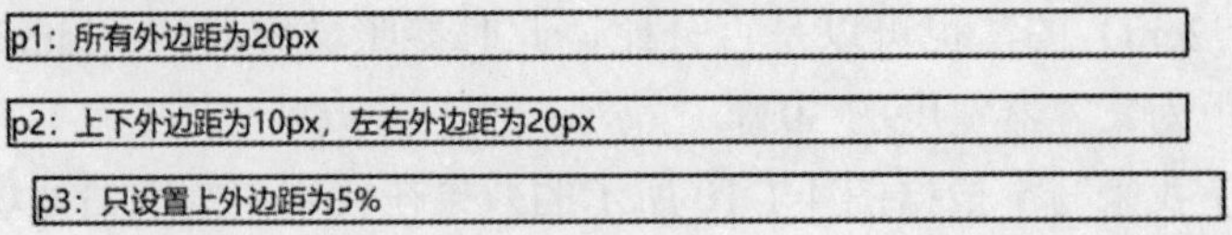

p1: 所有外边距为20px

p2: 上下外边距为10px，左右外边距为20px

p3: 只设置上外边距为5%

图 4-1-11　外边距属性任务要求描述及效果

```
<p class="p1">
p1：所有外边距为 20px
</p>
<p class="p2">
p2：上下外边距为 10px，左右外边距为 20px
</p>
<p class="p3">
p3：只设置上外边距为 5%
</p>
```

```
<style>
   p{  border: 2px solid #000; }
   .p1{

      _____

   }
   .p2{

      _____

   }
   .p3{

      _____

   }
</style>
```

小提示：

①行内元素（如 <a>、<span> 等）的盒子模型宽度、高度、上下外边距属性均不起作用，如果希望它们起作用，必须用 display 属性将其设置成块级或行内块级元素。行内元素设置成行内块级元素宽、高属性作用效果前后对比如图 4-1-12 所示。

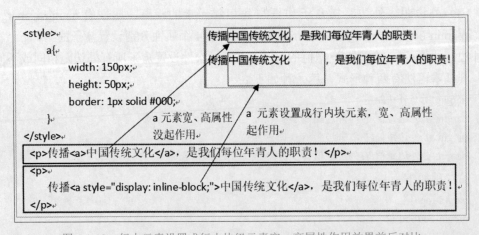

图 4-1-12　行内元素设置成行内块级元素宽、高属性作用效果前后对比

② HTML5 中，不同元素在不同浏览器中上、下、左、右内外边距会有不同的默认值，如果用户想自己把控布局，可以将所有元素的 padding 和 margin 设置为 0px。示例代码如下：

```
*{
   padding: 0;
```

```
    margin: 0;
}
```

③块级盒子在父容器中的居中设置。

第一步：设置盒子的宽度。

第二步：设置盒子的左右边距为 auto。

示例代码如下：

```
div{
    width: 60%;
    margin: 0px auto;
}
```

【例 4-1-10】使用盒子的内外边距对页面文本进行排版，效果如图 4-1-13 所示，源码请到万水书苑网站（www.wsbookshow.com）下载。

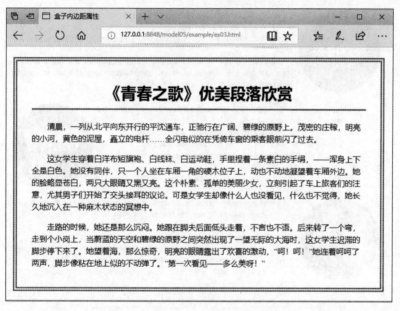

图 4-1-13   例 4-1-10 页面文本排版效果

5. 盒子布局排版

网页布局的本质就是摆盒子。页面 <body> 元素可以看成一个大盒子，盒子布局就是在 <body> 元素中摆放盒子的过程，摆放完后再利用 CSS 设置盒子样式完成排版。基本步骤如下：

第一步：确定页面 <body> 元素总体从上到下由哪几个区域组成，将每个区域看成一个盒子。

第二步：确定每个盒子内部从上到下或从左到右由哪些部分组成，将每个部分看成一个盒子。

第三步：根据盒子里需要放置的内容确定用什么网页元素来表现这些盒子。

第四步：利用 CSS 设置好盒子样式，完成排版。

【例 4-1-11】我来写：按上述步骤，请画出图 4-1-14 所示页面的布局结构，并在结构中注明用到的元素类型，源码请到万水书苑网站（www.wsbookshow.com）下载。

图 4-1-14　盒子布局排版页面效果

页面布局结构：

任务实施

（1）通过预习盒子基本属性相关知识完成任务工作单 4-1-1 中有关盒子大小、内外边距等属性的相关问题。

任务工作单 4-1-1

组号：　　　　　　姓名：　　　　　　学号：

1）回答表中的问题。

序号	问题	解答
1	盒子模型由哪几部分组成？	
2	box-sizing 属性的作用是什么？其默认属性值是什么？取值分别为 border-box 和 content-box 时，盒子实际大小如何计算？	
3	行内盒子和块级盒子分别是指哪类页面元素？默认情况下，行内盒子的 height、padding-left、padding-right、margin-left、margin-right 属性是否对其显示效果有影响？如果没有影响，应该如何让其受到影响？	

2）根据效果描述尝试编写实现代码。

序号	效果	实现代码
1	设置盒子宽为 200px，高为 200px	
2	设置盒子宽为父容器的 80%，高为 300px	
3	设置盒子所有边框均为 1px 红色实线	
4	设置盒子上下边框为 3px 绿色虚线，左右边框为 3px 灰色虚线	
5	设置盒子下边框为 2px 点线，颜色 RGB 值分别为 153、51、51	
6	设置盒子所有内边距为 5px	
7	设置盒子上下内边距为 3px，左右内边距为 10px	
8	设置盒子上内边距为 5px，左右内边距为 10px，下内边距为 10px	
9	设置盒子上下左右内边距分别为 3px、6px、9px、12px	
10	设置盒子左内边距为 100px	
11	设置盒子所有外边距为 10px	
12	设置盒子上下外边距为 6px，左右外边距为 20px	
13	设置盒子上外边距为 6px，左右外边距为 12px，下外边距为 12px	
14	设置盒子上下左右外边距分别为 5px、10px、10px、20px	
15	设置盒子右外边距为 100px	

（2）通过对知识链接部分的学习，请同学们根据任务工作单 4-1-2 中的效果描述在空白处准确写出相关实现代码。

任务工作单 4-1-2

组号：　　　　　　姓名：　　　　　　学号：

序号	效果	实现代码
1	设置盒子宽 500px、高 100px，且要求其在父容器中水平居中	

2	已知页面布局代码如下：
	`<div class="container">`
	　`<div class="menu">`
	　　左侧导航
	　`</div>`
	　`<div class="content">`
	　　主体内容
	　`</div>`
	`</div>`
	要求页面显示效果如下：
	
	（左侧导航 / 主体内容 的两栏布局示意图）
	
	边框均为 1px 黑色实线，各部分的间隙均为 10px，导航区和内容区高度一致。阅读右侧代码并补充，以实现上述页面效果。提示：默认情况下，width 和 height 是指内容区的宽和高，盒子实际大小除了内容区大小外，还包括边框大小、内外边距的大小
		`<style>`
		　div{
		　　/* 边框均为 1px 黑色实线 */
		　　_____
		　}
		　.container div{
		　　float: left;　/* 左浮动 */
		　}
		　.container{
		　　margin: 0 auto;
		　　width: 800px;
		　}
		　.container::after{
		　　content: "";
		　　display: block;
		　　clear: both;
		　}
		　.menu{
		　　width: 300px; height: 500px;
		　　margin: 10px; padding: 5px;
		　}
		　.content{
		　　_____
		　　_____
		　　_____
		　}
		`</style>`

3	要求同上，修改右边代码中的选择器 .container div，样式如下：
	　.container div{
	　　float: left;　/* 左浮动 */
	　　box-sizing: content-box;
	　}
	此时应该如何设置 .content 选择器的样式
		`.content{`
		　_____
		　_____
		　_____
		`}`

续表

序号	效果	实现代码

4	已知页面布局代码如下：
	<h2> 中国传统文化 </h2>
	<div class="menu">
	　<a href="#"> 首页 </a>
	　<a href="#"> 古典文学 </a>
	　<a href="#"> 戏曲精粹 </a>
	　<a href="#"> 饮食文化 </a>
	　<a href="#"> 传统风俗 </a>
	　<a href="#"> 中国功夫 </a>
	</div>
	要求页面显示效果如下：
	
	中国传统文化
	
	| 首页 | 古典文学 | 戏曲精粹 | 饮食文化 | 传统习俗 |
	
	各菜单项属性均相同：宽度 120px、上下内边距 5px、上下外边距 10px、左右外边距 2px、3px 的红色双边框线。阅读右侧代码并补充，以实现上述页面效果。提示：行内盒子只有转换成块级盒子后，宽高、上下内外边距才会起作用
		```<style>```
		　h2{
		　　text-align: center;
		　　margin-bottom: 10px;
		　}
		　a{
		　　color: #000;
		　　text-decoration: none;
		　}
		　.menu{
		　　text-align: center;
		　　/* 上边框为 1px 灰色实线 */
		　　_____
		　}
		　.menu a{
		　　_____
		　　_____
		　　_____
		　}
		```</style>```

（3）请同学们根据图 4-1-1 所示制作"湘西美食"页面，并在任务工作单 4-1-3 中记录制作过程中出现的问题、产生原因和解决方案。

任务工作单 4-1-3

组号：　　　　　　姓名：　　　　　　学号：

问题	产生原因	解决方案

 **评价反馈**

评价表

任务编号	4-1	任务名称		制作"湘西美食"页面		
组名		姓名		学号		
评价项目				个人自评	小组互评	教师评价
课程表现	学习态度（5分）					
	沟通合作（5分）					
	回答问题（5分）					
知识掌握	掌握盒子大小属性设置（5分）					
	掌握盒子边框属性设置（5分）					
	掌握盒子内、外边距属性设置（5分）					
	掌握盒子布局排版基本方法（5分）					
任务达成	页面整体显示效果是否与效果图相符，共计10分，有如下4种分值： 1. 高度一致得10分 2. 比较一致得8分 3. 基本一致得6分 4. 完全不同得0分					
	页面导航区显示是否符合要求，评分点如下： 1. 背景图片显示是否正确（3分） 2. Logo 与导航条之间要有间距（3分） 3. 各菜单项之间要有间距（3分） 4. Logo 和导航条的位置是否正确（3分） 5. 当前菜单项要有不同的样式（3分）					
	页面主体区显示是否符合要求，评分点如下： 1. 是否展示了5个菜式，少一个扣1分（5分） 2. 每个菜式展示区是否设置了边框、内边距、外边距（8分） 3. 每个菜式展示区内部图文编排是否与效果图一致（8分）					
	页面分页区显示是否符合要求，评分点如下： 1. 内容是否居中、当前页标签文本是否有不同的样式（3分） 2. 该区是否与上下盒子有空白距离（1分）					
	页面底部区显示是否符合要求，评分点如下： 1. 内容少一项扣1分（3分） 2. 样式是否与效果图相符（2分）					
	代码编写是否符合网页开发规范，评分点如下： 1. 命名规范：能做到见名知意（4分） 2. 代码排版规范：缩进统一，方便阅读（2分） 3. 注释规范：通过注释能清楚地知道页面各功能区代码及其样式代码的位置（4分）					
得分						
经验总结反馈建议						

任务2整体介绍

任务2 制作"湘西美食"详情页面

在任务1中我们学习了盒子模型，并利用盒子进行页面布局制作出了"湘西美食"页面。在实际应用中，我们会发现盒子还可以有更炫的呈现效果，如圆角矩形盒子、正圆盒子、带阴影盒子等。本任务通过制作湘西美食详情页面来帮助大家了解和掌握这些效果的呈现方法，大家可以通过检索关键词"border-radius属性"和"box-shadow属性"来触发本次学习任务。

▶ 学习目标

知识目标
★ 掌握盒子圆角边框属性的设置方法。
★ 掌握盒子阴影属性的设置方法。

能力目标
★ 能根据实际需求设置各种外观形式的圆角盒子效果。
★ 能根据实际需求设置各种外观形式的盒子阴影效果。
★ 能综合运用所学知识制作出湘西美食详情页面。

思政目标
★ 培养学生一丝不苟的态度和精益求精的工匠精神。
★ 培养学生的团队协作意识、竞争意识。
★ 培养学生的民族自信、文化自信和家国情怀。

♀ 思维导图

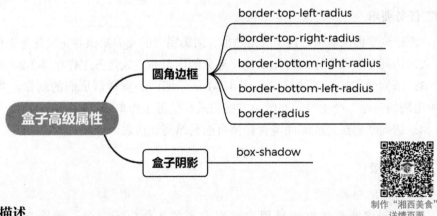

📖 任务描述

网站制作目的是让浏览者获取感兴趣、有用的信息，结构模式一般为"首页→分类页面→详情页面"，详情页面向浏览者全方位展示与主题相关的内容。本任务要求完成某种美食的详情展示，设计时包括美食图片、用料选材、制作过程等。请按

制作"湘西美食"
详情页面

照图 4-2-1 所示的效果以湘西美食"血粑鸭"为代表完成该美食详情页面的制作。

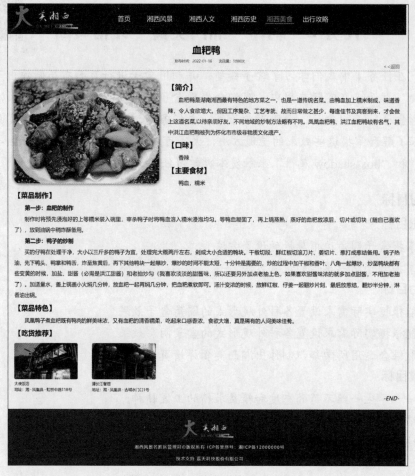

图 4-2-1 湘西美食详情页面效果

任务要求

1. 请同学们课前预习盒子圆角边框、阴影属性的相关知识并完成任务工作单 4-2-1。

2. 请同学们课中完成对知识链接部分的学习并完成任务工作单 4-2-2。

3. 请同学们按任务描述完成图 4-2-1 所示湘西美食详情页面的制作，并将制作过程中出现的问题、产生原因和解决方案记录在任务工作单 4-2-3 中。

4. 请同学们在完成湘西美食详情页面后填写评价表。

知识链接

1. 圆角边框属性

CSS3 新增圆角边框属性用来设置盒子的 4 个角为圆角，属性有 border-radius、border-top-left-radius、border-top-right-radius、border-bottom-right-radius、border-bottom-left-radius。后 4 个属性分别设置盒子的上左角、上右角、下右角、下左角为圆角；第一个属性根据值的写法不同，一次性设置盒子所有角相同或不同。

圆角边框的呈现效果由圆角上的水平和垂直半径共同决定，如图 4-2-2 所示。

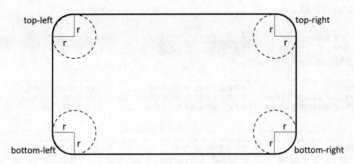

图 4-2-2　圆角边框示意图

（1）分别设置 4 个角。

基本语法如下：

```
border-top-left-radius: 水平半径 [ 垂直半径 ];
border-top-right-radius: 水平半径 [ 垂直半径 ];
border-bottom-right-radius: 水平半径 [ 垂直半径 ];
border-bottom-left-radius: 水平半径 [ 垂直半径 ];
```

其中，半径可以是长度值或百分比，为 0 表示直角边框；水平半径和垂直半径之间用空格隔开，垂直半径可以没有，此时表示垂直半径与水平半径相同。

（2）同时设置 4 个角。

基本语法如下：

```
border-radius: 水平半径 [/ 垂直半径 ];
```

其中，半径值可以是长度值或百分比，为 0 表示直角边框；水平半径和垂直半径之间用空格隔开，垂直半径可以没有，此时表示垂直半径与水平半径相同；水平（垂直）半径可以有 1 ～ 4 个值，值之间用空格隔开，值个数不同含义不同，具体如表 4-2-1 所示。

表 4-2-1　border-radius 水平（垂直）半径值含义

取值个数	说明
1 个值	表示 4 个角水平（垂直）半径均为该值
2 个值	第 1 个值表示上左角、下右角的水平（垂直）半径，第 2 个值表示上右角、下左角的水平（垂直）半径
3 个值	第 1 个值表示上左角的水平（垂直）半径，第 2 个值表示上右角、下左角的水平（垂直）半径，第 3 个值表示下右角的水平（垂直）半径
4 个值	按值的顺序依次表示上左角、上右角、下右角、下左角的水平（垂直）半径

示例代码 1（设置盒子所有角水平半径为长度的 50%，垂直半径为高度的 50%）：

```
border-radius: 50%;
```

示例代码 2（设置上左角、下右角水平垂直半径均为 10px，上右角、下左角水平垂直半径均为 20px）：

```
border-radius: 10px 20px/10px 20px;
```

【例 4-2-1】制作如图 4-2-3 所示的圆角盒子效果，源码请到万水书苑网站（www.wsbookshow.com）下载。

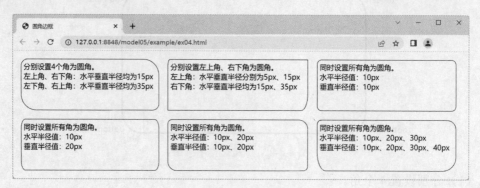

图 4-2-3　圆角盒子效果

2. 盒子阴影属性

CSS3 新增的盒子阴影属性 box-shadow 可以给盒子添加背部阴影。阴影效果由 6 个值决定，分别是水平偏移量、垂直偏移量、模糊半径、扩展半径、颜色、阴影类型。

其基本语法有三种，第一种如下：

```
box-shadow: none;
```

第二种如下：

```
box-shadow: 水平偏移量 垂直偏移量 [ 阴影模糊半径 ] [ 阴影扩展半径 ] [ 阴影颜色 ] [inset];
```

阴影各参数间用空格隔开，none 表示没有阴影；水平偏移量设置阴影的水平偏移值，正值表示向右偏移，负值表示向左偏移；垂直偏移量设置阴影的垂直偏移值，正值表示向下偏移，负值表示向上偏移；阴影模糊半径设置阴影的模糊值，默认值为 0 表示没有模糊，值越大越模糊；阴影扩展半径设置阴影扩展值，默认值为 0 表示没有扩展，值越大阴影越大，正值表示在所有方向扩展，负值表示在所有方向收缩；阴影颜色，默认值为黑色；inset 值表示阴影类型为内部阴影，此值不写表示外部阴影。语法中有中括号的属性值可以没有。

第三种如下：

```
box-shadow: 阴影 1[, 阴影 2[, 阴影 3[, ...]]];
```

box-shadow 可以同时设置多个阴影，各个阴影之间用逗号","分开；阴影 1、阴影 2、阴影 3 表示阴影设置，其写法同第二种语法。

示例代码 1（设置水平垂直偏移 5px，模糊半径 10px，扩展 10px 的粉色外部阴影）：

```
box-shadow: 5px 5px 10px 10px pink;
```

示例代码 2（设置水平垂直偏移 5px，模糊半径 10px，扩展 10px 的粉色内部阴影）：

```
box-shadow: 5px 5px 10px 10px pink inset;
```

示例代码 3（设置两层阴影。第 1 层为水平垂直偏移 0px，扩展 3px 的灰色外部阴影；第 2 层为水平垂直偏移 0px，扩展 9px 的黑色外部阴影）：

```
box-shadow: 0 0 0 3px gray, 0 0 0 9px;
```

【例 4-2-2】制作如图 4-2-4 所示的盒子阴影效果，源码请到万水书苑网站（www. wsbookshow.com）下载。

图 4-2-4　盒子阴影效果

任务实施

（1）通过预习盒子圆角边框、阴影属性的相关知识，请同学们完成任务工作单 4-2-1。

任务工作单 4-2-1

组号：　　　　　　姓名：　　　　　　学号：

1）描述表中代码的实现效果。

序号	代码	效果描述
1	border-radius: 10px;	
2	border-top-right-radius: 20px; border-bottom-right-radius: 20px;	
3	border-top-left-radius: 10px 50px;	
4	border-radius: 10px/30px;	
5	box-shadow: -5px -5px gray;	
6	box-shadow: 0 0 5px 8px gray;	
7	box-shadow: 0 0 10px gray;	
8	box-shadow: 0 0 10px 10px gray inset;	
9	box-shadow: 20px 20px 0px -10px;	
10	box-shadow: 0 0 0 10px rgb(255,0,0,0.8), 　　　　　0 0 0 20px rgb(0,255,0);	

2）根据效果描述尝试写实现代码。

序号	效果	实现代码
1	设置盒子所有角为圆角，x、y 轴半径均为 50%	
2	设置盒子所有角为圆角，x、y 轴半径均为 8px	
3	设置左上角、右下角为圆角，x 轴半径为 10px，y 轴半径为 20px	
4	设置盒子外部阴影水平向右、垂直向下偏移 8px，阴影颜色为紫色	
5	设置盒子内部阴影模糊半径和扩展半径均为 10px，阴影颜色 RGB 值分别为 153、51、51	

（2）通过对知识链接部分的学习，请同学们根据任务工作单 4-2-2 中描述的效果准确写出相关实现代码。

任务工作单 4-2-2

组号：　　　　　　姓名：　　　　　　学号：

序号	效果	实现代码

1	已知页面布局代码如下：
	<div class="container">
	　<h1> 不忘初心、牢记使命 </h1>
	</div>
	要求页面显示效果如下：
	
	不忘初心、牢记使命
	
	圆形边框半径为 150px，边框线为 5px 灰色实线，内部文本在水平及垂直方向居中。补充右侧代码以实现上述页面效果。提示：当盒子为正方形且圆角半径为宽度的一半时显示效果为正圆
		\<style>
		　h1{
		　　_____
		　　_____
		　　_____
		　　_____
		　　_____
		　}
		\</style>

2	已知页面布局代码如下：
	<h2> 传统习俗图片展示 </h2>
	<hr/>
	<div class="container">
	　<img src="img/jr01.jpg"/>
	　<img src="img/jr02.jpg"/>
	　<img src="img/jr03.jpg"/>
	</div>
	要求页面显示效果如下：
	
	传统习俗图片展示
	
	各图片所有角的圆角半径均为 10px，上下左右外边距均为 10px；当鼠标移入时，图片会显示模糊半径为 10px 的灰色阴影。图中的第 1 幅图片即为鼠标移入时的显示效果。阅读右侧代码并补充，以实现上述页面效果
		\<style>
		　h2{
		　　text-align: center;
		　}
		　img{
		　　width: 220px;
		　　height: 120px;
		　　_____
		　　_____
		　}
		　img:hover{
		　　_____
		　}
		\</style>

（3）请同学们根据图 4-2-1 所示制作湘西美食详情页面，并在任务工作单 4-2-3 中记录制作过程中出现的问题、产生原因和解决方案。

任务工作单 4-2-3

组号：　　　　　　姓名：　　　　　　学号：

问题	产生原因	解决方案

评价反馈

评价表

任务编号	4-2	任务名称		制作"湘西美食"详情页面		
组名		姓名		学号		
评价项目				个人自评	小组互评	教师评价
课程表现	学习态度（5分）					
	沟通合作（5分）					
	回答问题（5分）					
知识掌握	掌握盒子圆角边框属性设置（5分）					
	掌握盒子阴影属性设置（5分）					
任务达成	页面整体显示效果是否与效果图相符，共计10分，有如下4种分值： 1.高度一致得10分　2.比较一致得8分 3.基本一致得6分　4.完全不同得0分					
	页面导航区显示是否符合要求，评分点如下： 1.背景显示是否正确（2分） 2.Logo与导航条之间要有间距（2分） 3.各菜单项之间要有间距（2分） 4.Logo和导航条的位置是否正确（2分） 5.当前菜单项要有不同的样式（2分）					
	页面主体区显示是否符合要求，评分点如下： 1.该区是否设置了上下左右外边距（2分） 2.是否有文章标题、发布时间及点击率、返回文本链接、水平分隔线、详情图文、吃货推荐等关键内容，少一个扣2分（12分） 3.是否使用围绕方式进行图文混排（3分） 4.详情中图片是否按效果图设置圆角及阴影（9分） 5."吃货推荐"区是否按效果图设置推荐店铺的图片及地址描述文本，图片要设置圆角（9分） 6.页面中的各类文本，如文章标题、正文内容等是否从样式上进行了区分（5分）					
	页面底部区显示是否符合要求，评分点如下： 1.内容少一项扣1分（3分） 2.样式是否与效果图相符（2分）					
	代码编写是否符合网页开发规范，评分点如下： 1.命名规范：能做到见名知意（4分） 2.代码排版规范：缩进统一，方便阅读（2分） 3.注释规范：通过注释能清楚地知道页面各功能区代码及其样式代码的位置（4分）					
得分						
经验总结反馈建议						

任务3 设计并制作"我的家乡"美食页面

在任务1和任务2中我们学习了盒子模型及其常用属性，并运用所学知识制作了"湘西美食"页面及详情页面，了解并掌握了如何使用盒子进行页面布局排版。本任务我们可以开始自己搜索整理素材，设计并制作以家乡美食为主题的页面，要求包括总体页面和详情页面。总体页面是指家乡美食的概览页面，详情页面是具体展示某道美食的页面。大家可以通过搜索你的家乡美食关键词来触发本次学习任务。

学习目标

任务3整体介绍

知识目标

★ 掌握弹性容器的设置方法。

★ 掌握弹性容器的 flex-direction、flex-wrap、flex-flow、justify-content、align-items、align-content 这6种常用属性的使用方法。

★ 掌握弹性子元素的 align-self 和 flex 两种常用属性的使用方法。

★ 掌握页面弹性布局方法。

能力目标

★ 能正确使用弹性盒子解决实际问题。

★ 能使用弹性布局解决页面元素自适应屏幕大小变化的问题。

★ 具备一定的信息检索能力。

★ 具备一定的素材处理能力。

★ 具备一定的审美能力，能制作配色合理、布局均衡、内容健康、创意新颖的网页。

思政目标

★ 培养学生一丝不苟的态度和精益求精的工匠精神。

★ 培养学生的团队协作意识、竞争意识。

★ 继承弘扬优秀传统文化，培养学生爱祖国、爱家乡的情怀。

★ 培养学生的历史使命感与责任感。

★ 培养学生的创新精神。

⚲ **思维导图**

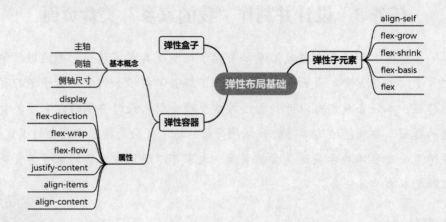

📖 **任务描述**

　　制作家乡美食的总体页面和详情页面，网页必须使用 DIV+CSS 进行布局，并且要求创建一个外部样式文件，在网页中链接所创建的外部样式文件。网页所需素材可通过百度等网站搜索。

👉 **任务要求**

　　1．请同学们课前预习弹性盒子设置与使用的相关知识并完成任务工作单 4-3-1。

　　2．请同学们课中完成对知识链接部分的学习并完成任务工作单 4-3-2。

　　3．请同学们以小组为单位讨论家乡美食总体页面和详情页面这两个页面的设计要素，确定页面版式布局，完成代码编写。将制作过程中出现的问题、产生原因和解决方案记录在任务工作单 4-3-3 中。

　　4．请同学们在完成家乡美食的总体页面和详情页面后填写评价表。

🔍 **知识链接**

　　1．弹性盒子

　　弹性盒子是 CSS3 新增的一种布局模式，又称弹性布局。它提供了一种更加有效的方式对容器中的子元素进行排列、对齐和分配空白空间，当页面元素的布局需要适应不同的屏幕大小和设备类型时可以使用弹性布局。

　　弹性盒子由弹性容器和弹性子元素组成，具体界定方式如下：

　　（1）弹性容器：盒子的 display 属性设置为 flex 或 inline-flex 时，该盒子就是弹性容器。

　　（2）弹性子元素：弹性容器的子元素就是弹性子元素，其 float、clear 和 vertical-align 属性将失效。

　　小提示：弹性容器外及弹性子元素内部均正常显示，弹性盒子只定义了弹性子元素如何在弹性容器内布局。

2. 弹性容器

弹性容器有 flex-direction、flex-wrap、flex-flow、justify-content、align-items、align-content 这 6 个基本属性，用以设置容器的主轴、是否换行、在子元素主侧轴上的排列方式等。

（1）几个概念。

主轴：弹性容器中子元素的排列方向，默认 x 轴为主轴，即水平方向从左至右。

侧轴：与主轴垂直的方向，又称交叉轴，默认 y 轴为侧轴，即垂直方向从上至下。如果将主轴改变成 y 轴，则侧轴为 x 轴。

侧轴尺寸：如果侧轴是 y 轴，侧轴尺寸指高度；如果侧轴是 x 轴，侧轴尺寸指宽度。

（2）属性说明。弹性容器基本属性的功能如表 4-3-1 所示。

表 4-3-1　弹性容器基本属性的功能

属性	说明
flex-direction	改变主轴的排列方向，有如下取值： 1. row（默认值）：主轴为水平方向，起点在左端 2. row-reverse：主轴为水平方向，起点在右端 3. column：主轴为垂直方向，起点在上沿 4. column-reverse：主轴为垂直方向，起点在下沿
flex-wrap	设置是否换行，以及如何换行，有如下取值： 1. nowrap（默认值）：不换行 2. wrap：换行，第一行的在上面 3. wrap-reverse：换行，第一行的在下面
flex-flow	是 flex-direction 和 flex-wrap 属性复合写法，默认值为 row nowrap
justify-content	定义子元素在主轴上的排列方式，有如下取值： 1. flex-start（默认值）：紧靠主轴起点 2. flex-end：紧靠主轴终点 3. flex-center：在主轴方向居中 4. space-between：子元素间距离相等，两端不保留空白距离 5. space-around：子元素间距离相等，两端保留空白距离为子元素间距的一半 6. space-evenly：子元素间距离相等，两端保留的空白距离与子元素间距相同（兼容性差）
align-items	定义子元素单行（列）时侧轴上的排列方式，有如下取值： 1. flex-start：紧靠侧轴起点 2. flex-end：紧靠侧轴终点 3. center：在侧轴方向居中 4. baseline：在侧轴上所有子元素第一行文本的基线对齐，如果某子元素没有文本，则该元素 flex-start 对齐 5. stretch（默认值）：拉伸。如果子元素没有设置侧轴尺寸，则拉伸子元素的侧轴尺寸与容器的侧轴尺寸一致，否则与属性 flex-start 相同 说明：主轴为 x 轴时，该属性作用于行；主轴为 y 轴时，该属性作用于列。该属性仅在子元素是单行或单列时起作用，多行或多列时该属性失效，此时使用 align-content 设置侧轴排列方式

续表

属性	说明
align-content	定义子元素有多行（列）时侧轴上的对齐方式，有如下取值： 1. stretch（默认值）：各行（列）间距相等，起始端不保留空白距离，结束端与最后行（列）的距离与各行（列）间距相同 2. flex-start：各行（列）紧靠侧轴起点 3. flex-end：各行（列）紧靠侧轴终点 4. center：各行（列）在侧轴方向居中 5. space-between：各行（列）间距相等，两端不保留空白距离 6. space-around：各行（列）间距相等，两端保留空白距离为各行（列）间距的一半 7. space-evenly：各行（列）间离相等，两端保留的空白距离与各行（列）间距相同（兼容性差） 说明：有关行列的说明与 align-items 类似

1）主、侧轴上排列方式属性。弹性子元素在主轴上的排列方式属性为 justify-content，在侧轴上的排列方式属性有 align-items 和 align-content。在图 4-3-1 至图 4-3-3 中，弹性容器的主轴方向均为 row，即水平方向（x 轴）从左至右。

① justify-content：设置子元素在主轴上的排列方式，取值效果如图 4-3-1 所示。

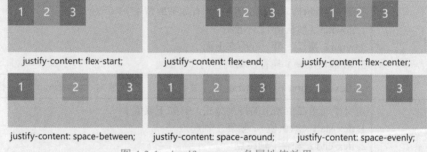

图 4-3-1　justify-content 各属性值效果

② align-items：设置子元素单行或单列时侧轴上的排列方式，取值效果如图 4-3-2 所示。

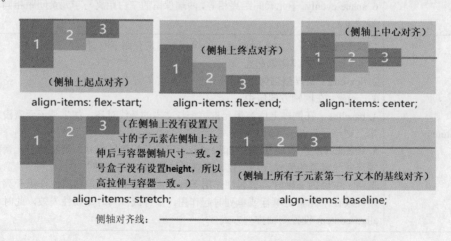

图 4-3-2　align-items 各属性值效果

③ align-content：设置子元素多行或多列时侧轴上的排列方式，取值效果如图 4-3-3 所示。

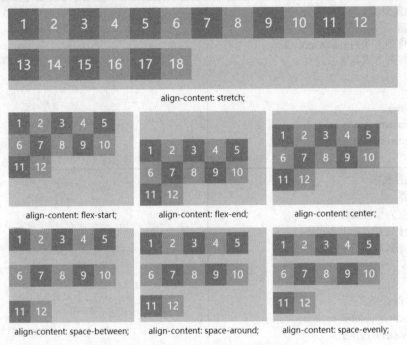

图 4-3-3　align-content 各属性值效果

2）align-items 与 align-content 的异同点。它们都用来设置弹性子元素在侧轴方向的排列方式，前者用于子元素是单行或单列，后者用于子元素是多行或多列。

【例 4-3-1】阅读下述代码，理解页面显示效果。

内容代码：	样式代码：
`<body>`	`<style type="text/css">`
`  <div class="div01">`	`  div{`
`  <p> 我的祖国 </p>`	`    border: 1px solid gray;`
`  <p> 我的家乡 </p>`	`    height: 200px; margin: 5px;`
`  <p> 我的家 </p>`	`  }`
`  </div>`	`  p{`
`  <div class="div02">`	`    width: 120px; height: 120px;`
`  <p> 我的祖国 </p>`	`    border: 1px solid gray;`
`  <p> 我的家乡 </p>`	`    padding: 10px; margin: 10px;`
`  <p> 我的家 </p>`	`    text-align: center;`
`  </div>`	`  }`
`</body>`	`</style>`

按如下方式设置添加样式代码后的页面效果。

添加样式	页面显示效果

/*div01 设置要求
1. 弹性容器
2. 主轴上排列方式为 space-around
3. 侧轴上排列方式是中心对齐
*/
.div01{
   display: flex;
   justify-content: space-around;
   align-items: center;
}
	我的祖国　　我的家乡　　我的家

/*div02 设置要求
1. 弹性容器
2. 主轴方向为垂直反转
3. 主轴上排列方式为中心对齐
4. 侧轴上排列方式是中心对齐
*/
.div02{
   display: flex;
   flex-direction: column-reverse;
   justify-content: center;
   align-items: center;
}
	我的家
	我的家乡
	我的祖国

3. 弹性子元素

弹性子元素均为行内块元素，不能使用 float 和 clear 属性。另外，绝对定位的弹性子元素不参与弹性布局。弹性子元素基本属性如表 4-3-2 所示。

表 4-3-2　弹性子元素基本属性

属性	说明
align-self	控制单个元素在侧轴上的排列方式，它的取值可以覆盖容器的 align-items 属性值（align-items 控制整行或列的所有元素），有如下取值： 1. stretch：与 align-items 属性的该取值作用类似 2. flex-start：元素紧靠主轴起点 3. flex-end：元素紧靠主轴终点 4. center：元素从弹性容器中心开始
flex-grow	指定了弹性容器对剩余空间的分配规则，取值越大表示分配到的剩余空间越多。默认值是 0，表示不要分配。计算步骤如下： 第一步：计算剩余空间尺寸。剩余空间 = 容器宽（高）度 − 各子元素宽（高）度之和 第二步：计算子元素分配剩余空间的占比 $$\frac{\text{子元素 flex-grow 值}}{\text{所有子元素 flex-grow 值之和}}$$ 第三步：计算子元素实际增加尺寸。子元素实际增加的宽（高）度 = 剩余空间 × 占比

属性	说明
flex-shrink	指定了弹性容器空间不足时的收缩分配规则，取值越大表示收缩得越多。默认值是 1，表示空间不足时要收缩。计算步骤如下： 第一步：计算不足空间尺寸。不足空间 = 各子元素宽（高）度之和 – 容器宽（高）度 第二步：计算子元素分配的缩小占比 $$\frac{\text{子元素宽（高）度} \times \text{flex-shrink 值}}{\text{所有子元素宽（高）度} \times \text{flex-shrink 值之和}}$$ 第三步：计算子元素缩小的尺寸。子元素缩小的宽（高）度 = 不足空间 × 占比
flex-basis	指定了固定的分配数量。可以是长度单位，也可以是百分比，默认值为 auto。flex-basis 的优先级高于 width 和 height 属性
flex	指定弹性子元素如何分配空间，是 flex-grow、flex-shrink、flex-basis 的缩写组合。书写格式如下： flex: flex-grow [flex-shrink] [flex-basis]; 说明：flex-shrink、flex-basis 的默认值分别为 1、auto

（1）align-self 属性：仅对指定元素自身有效，使用时会忽略父元素的 align-items 属性。主轴方向水平从左至右的 align-self 属性值效果如图 4-3-4 所示。

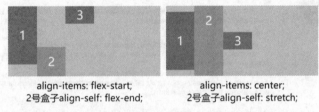

align-items: flex-start;　　　　align-items: center;
2号盒子align-self: flex-end;　　2号盒子align-self: stretch;

图 4-3-4　align-self 属性值效果（主轴方向水平从左至右）

（2）flex 属性：常用于使容器内子元素大小自适应屏幕大小、按比例分配各子元素所占容器的空间。

示例代码（将类名为 div03 的父容器内的若干 <a> 元素平均分配大小以占满整个容器）：

```
.div03{ /* 设置父容器为弹性布局 */
    display: flex;
}
.div03 a{
    flex: 1;   /* 每个 a 元素分配一份剩余空间 */
}
```

【例 4-3-2】我来写：使用弹性布局制作图 4-3-5 所示的页面效果，要求 Banner 及主体区左右两侧的页面元素大小均能自适应屏幕大小的变化，源码请到万水书苑网站（www.wsbookshow.com）下载。

图 4-3-5　弹性布局页面效果

 任务实施

（1）通过预习弹性布局的相关知识，请同学们完成任务工作单 4-3-1 中有关弹性容器和弹性子元素的相关属性设置问题。

任务工作单 4-3-1

组号：　　　　　　　　姓名：　　　　　　　　学号：

1）通过学习相关知识链接，回答表中的问题。

序号	问题	解答
1	什么是弹性盒子？由哪两部分组成？	
2	align-items 和 align-content 的区别是什么？ align-items 和 align-self 的区别是什么？	

2）根据效果描述尝试编写实现代码。

序号	效果	实现代码
1	将盒子设置成弹性布局	
2	设置弹性容器布局方向为水平从右至左	
3	设置弹性容器主轴为纵轴	
4	设置弹性容器多行子元素间平均分布，两端没有空白距离	
5	设置弹性容器主轴方向靠末端排列对齐	
6	设置弹性容器中子元素可以换行	
7	设置弹性容器单个子元素侧轴排列方式为中心对齐	
8	设置弹性子元素分配父容器剩余空间份数为 3 份	

（2）通过对知识链接部分的学习，请同学们根据任务工作单 4-3-2 中的效果描述准确写出相关实现代码。

任务工作单 4-3-2

组号：   姓名：   学号：

序号	效果	实现代码

1	已知页面布局代码如下：
	`<h1>" 最美家乡 " 游 </h1>`
	`<div class="container">`
	  `<div class="b01"> 美食版块 </div>`
	  `<div class="b02"> 旅游版块 </div>`
	  `<div class="b03"> 住宿版块 </div>`
	`</div>`
	要求页面显示效果如下：
	
	"最美家乡"游
	
	美食版块　旅游版块　住宿版块
	
	三个版块宽度自适应屏幕，比例为 1:2:1，底部均有灰色阴影，在两个轴方向没有偏移，模糊半径为 5px，四个方向的内边距均为 5px，上下外边距为 5px，左右外边距为 10px。阅读右侧代码并补充以实现上述页面效果
		`<style>`
		  `h1{`
		    `text-align: center;`
		    `border-bottom: 1px solid gray;`
		    `padding-bottom: 5px;`
		  `}`
		  `.container{`
		    `display: flex;`
		    `height: 300px;`
		  `}`
		  `.container>div{`
		
		    _____
		    _____
		    `text-align: center;`
		    `font-size: 15px;`
		  `}`
		  `.container>div.b02{`
		    _____
		  `}`
		`</style>`

续表

序号	效果	实现代码

2	已知页面布局代码如下：
	`<h1>" 最美家乡 " 游 </h1>`
	`<div class="container">`
	  `<div class="left">`
	    `<p> 操作菜单 </p>`
	    `<div class="menu">`
	      `<a> 美好山川 </a>`
	      `<a> 风土人情 </a>`
	      `<a> 美食体验 </a>`
	      `<a> 住宿体验 </a>`
	      `<a> 旅游攻略 </a>`
	    `</div>`
	  `</div>`
	  `<div class="content"> 内容展示区`
	  `</div>`
	`</div>`
	要求页面显示效果如下：
	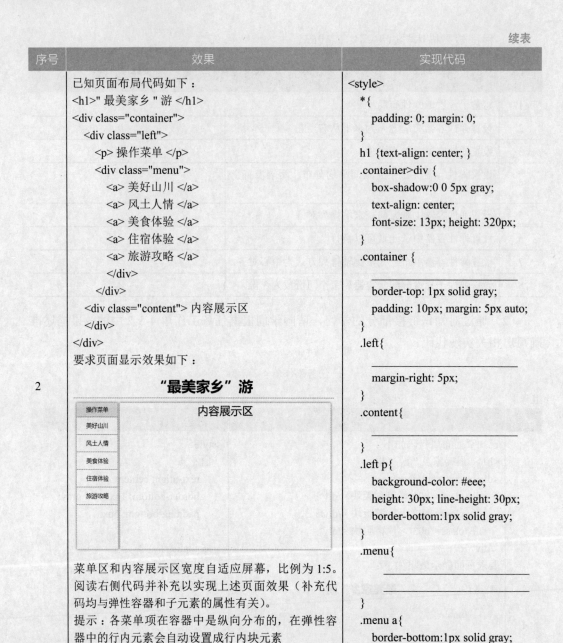
	菜单区和内容展示区宽度自适应屏幕，比例为 1:5。
	阅读右侧代码并补充以实现上述页面效果（补充代码均与弹性容器和子元素的属性有关）。
	提示：各菜单项在容器中是纵向分布的，在弹性容器中的行内元素会自动设置成行内块元素
		`<style>`
		  `*{`
		    `padding: 0; margin: 0;`
		  `}`
		  `h1 {text-align: center; }`
		  `.container>div {`
		    `box-shadow:0 0 5px gray;`
		    `text-align: center;`
		    `font-size: 13px; height: 320px;`
		  `}`
		  `.container {`
		    _____
		    `border-top: 1px solid gray;`
		    `padding: 10px; margin: 5px auto;`
		  `}`
		  `.left{`
		    _____
		    `margin-right: 5px;`
		  `}`
		  `.content{`
		    _____
		  `}`
		  `.left p{`
		    `background-color: #eee;`
		    `height: 30px; line-height: 30px;`
		    `border-bottom:1px solid gray;`
		  `}`
		  `.menu{`
		    _____
		    _____
		  `}`
		  `.menu a{`
		    `border-bottom:1px solid gray;`
		    `padding: 10px 0px;`
		  `}`
		`</style>`

（3）请同学们以小组为单位讨论家乡美食的总体页面和详情页面的设计要素，确定页面版式布局，完成代码编写。在任务工作单 4-3-3 中记录制作过程中出现的问题、产生原因和解决方案。

任务工作单 4-3-3

组号： 姓名： 学号：

页面名称	问题	产生原因	解决方案
家乡美食总体页面			
家乡美食详情页面			

📚 评价反馈

评价表

任务编号	4-3	任务名称		设计并制作"我的家乡"美食页面			
组名		姓名		学号			
评价项目					个人自评	小组互评	教师评价
课程表现	学习态度（5分）						
	沟通合作（5分）						
	回答问题（5分）						
知识掌握	掌握弹性容器属性设置（5分）						
	掌握弹性子元素属性设置（5分）						
	掌握弹性盒子进行页面布局的方法（5分）						
任务达成	家乡美食总体页面	页面布局结构是否合理（2分）					
		网页的主要元素是否具备（12分，少一处扣2分）					
		网页的色彩搭配是否美观、合理（3分）					
		网页的内容是否饱满且健康（3分）					
	家乡美食详情页面	页面布局结构是否合理（2分）					
		网页的主要元素是否具备（12分，少一处扣2分）					
		网页的色彩搭配是否美观、合理（3分）					
		网页的内容是否饱满且健康（3分）					
	是否使用了弹性布局（10分）						
	网页是否新颖且具有创意，共计10分，有如下4种分值： 1. 非常新颖且有创意得10分 2. 比较新颖且有创意得8分 3. 50%以上与课堂案例雷同，没有创新得6分 4. 90%以上课堂案例雷同，没有创新得3分						
	代码编写是否符合网页开发规范，评分点如下： 1. 命名规范：能做到见名知意（4分） 2. 代码排版规范：缩进统一，方便阅读（2分） 3. 注释规范：通过注释能清楚地知道页面各功能区代码及其样式代码的位置（4分）						
得分							
经验总结反馈建议							

项目 5

网页美化

任务 1 制作"大美湘西"网站首页

在学习了使用 HTML5 组织文档结构，以及通过标签来添加各种网页元素后，我们现在的重点可以放在页面样式的设计上了。页面样式的设计用 CSS 来完成，它不但可以提高网页的维护更新效率，还能控制网页的布局和特效，使我们设计的页面外观变得更加精彩。请大家通过检索关键词"湘西"和"湘西典故"来了解这一地区并触发本次学习任务。

任务 1 整体介绍

▶ **学习目标**

知识目标

★ 掌握 CSS 的基本语法。

★ 掌握在 HTML5 文档中使用 CSS 的方法。

★ 掌握 CSS 选择器的使用方法。

★ 掌握 CSS 文本样式的设置方法。

★ 掌握 CSS 背景的设置方法。

能力目标

★ 能正确使用 CSS。

★ 能选择合适的 CSS 选择器。

★ 能使用 CSS 对文本样式进行灵活设置。

★ 能综合运用背景和前景进行页面基本色调设计。

★ 能综合运用所学知识制作出"大美湘西"网站首页。

思政目标

★ 培养学生一丝不苟的态度和精益求精的工匠精神。

★ 培养学生的环保意识和生态文明建设意识。

★ 培养学生的爱国情怀。

★ 培养学生的全局观念和大局意识。

思维导图

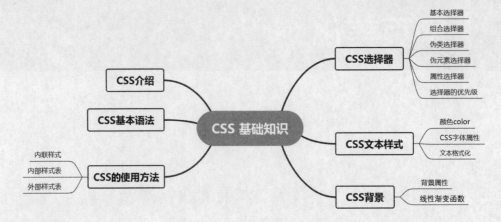

```
                                                              基本选择器
                                                              组合选择器
                                        CSS选择器              伪类选择器
                CSS介绍                                        伪元素选择器
                                                              属性选择器
                CSS基本语法                                    选择器的优先级
                            CSS 基础知识
                                                              颜色color
                                        CSS文本样式            CSS字体属性
   内联样式                                                    文本格式化
   内部样式表    CSS的使用方法
   外部样式表                              CSS背景              背景属性
                                                              线性渐变函数
```

任务描述

按照图 5-1-1 所示的效果完成"大美湘西"网站首页的制作。

制作"大美湘西"
网站首页

图 5-1-1 "大美湘西"网站首页效果

☞ **任务要求**

1. 请同学们课前预习 CSS 的使用方法并完成任务工作单 5-1-1。

2. 请同学们课中完成对知识链接部分的学习并完成任务工作单 5-1-2。

3. 请同学们按任务描述完成图 5-1-1 所示"大美湘西"网站首页的制作，并将制作过程中出现的问题、产生原因和解决方案记录在任务工作单 5-1-3 中。

4. 请同学们在完成"大美湘西"网站首页后填写评价表。

🔍 **知识链接**

1. CSS 介绍

CSS 是 Cascading Style Sheet 的缩写，中文为层叠样式表，简称样式表，它是一种用来定义网页外观样式的技术。CSS 其实就是一组样式，把这组样式用一个指定的名字来标识和保存，是一组有关字符、段落等网页元素格式的集合。CSS 是当前网页制作中的一个常用技术，用来描述应该如何显示 HTML5 中的元素，用它不仅可以对文字格式进行设置，还可以更加精确地控制页面的布局、背景和其他图文效果。

CSS 是一种标识性语言，用它不仅可以有效控制网页的样式，而且可以实现网页内容与样式的分离。CSS 规则可以单独存放在一个文档中，CSS 文件的扩展名为 css。

CSS3 是 CSS 技术的升级版本，主要包括盒子模型、列表模块、超链接方式、语言模块、背景和边框、文字特效、多栏布局等。

2. CSS 的组成

CSS 由两部分组成：选择器和一条或多条声明，如图 5-1-2 所示。

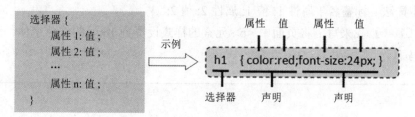

图 5-1-2 CSS 的组成

CSS 的属性按照相关功能进行了分组，包含字体、文本、背景、列表、动画等多个分组，我们将在后续章节中介绍这些属性的使用方法。

3. CSS 的使用方法

（1）内联样式。当特殊的样式需要应用到个别元素时，就可以使用内联样式。使用内联样式的方法是在相关的标签中使用样式属性，样式属性可以包含任何 CSS 属性，代码如下：

```
<p style="color: red; font-size: 20px">
在这个段落使用了内联样式
</p>
```

（2）内部样式表。当单个文件需要特别样式时即可使用内部样式表。我们可以在 <head> 元素中通过 <style> 标签定义内部样式表，代码如下：

```
<head>
  <style type="text/css">
    body {background-color: red;}
    p {color: red;}
  </style>
</head>
```

（3）外部样式表。当样式需要被应用到很多页面的时候，外部样式表将是理想的选择。使用外部样式表，只要修改保存着网站格式的 CSS 样式表文件即可改变整个网站的外观，从而避免一个一个地修改网页，既减少了设计者的工作量，也提高了浏览速度和网页更新速度。

我们通常把样式表保存为一个外部样式表文件，然后在页面中用 <link> 标签链接到这个样式表文件，<link> 标签放在页面的 <head> 元素中，代码如下：

```
<head>
  <link rel="stylesheet" type="text/css" href="mystyle.css">
</head>
```

4. CSS 选择器

CSS3 提供了大量的选择器，大体上可以分为基本选择器、组合选择器、伪类选择器、伪元素选择器和属性选择器等。由于浏览器对选择器的支持情况不同，很多选择器在实际开发中很少用到，下面来讲解较常用的选择器。

（1）基本选择器。基本选择器包括标签选择器、类选择器、id 选择器和通用选择器。

1）标签选择器。HTML5 文档中最基本的构成部分是标签，如果要对文档中的所有同类标签都使用同一个 CSS 样式，就应使用标签选择器。

基本语法：标签名 { 属性 1: 值 1; 属性 2: 值 2;...}

【例 5-1-1】我来写：将页面中 <p> 元素的样式设置为 16px 的红色字体，请在下面写出代码。

2）类选择器。标签选择器声明后，页面中所有使用到该标签的地方都会应用该样式。例如，当声明了页面中 <p> 元素的样式为 16px 的红色字体后，页面中所有的 <p> 元素都会受到影响。若是页面中有两个段落，一个是蓝色，一个红色，该如何设置呢？此时用标签选择器是不能实现的，接下来我们学习类选择器，看能否解决这个问题。

基本语法：标签名 . 类名 { 属性 1: 值 1; 属性 2: 值 2;...}

小提示：类名不能以数字开头。

类选择器不能自动识别，必须使用标签的全局属性 class 进行引用：

```
< 标签名 class=" 类名 ">
```

【例 5-1-2】我来写：使用类选择器将页面中第一个 <p> 元素的样式设置为 16px 的蓝色字体，请在空白处填写代码。

```
<head>
    <style>
        _____
    </style>
</head>
<body>
    <p _____> 第一个段落 </p>
    <p> 第二个段落 </p>
</body>
```

3）id 选择器。id 选择器使用元素的 id 属性来选择特定元素。元素的 id 在页面中是唯一的，因此 id 选择器用于选择一个唯一的元素。要选择具有特定 id 的元素，请写一个井号"#"，后跟该元素的 id。

基本语法：标签名 #id 名 { 属性 1: 值 1; 属性 2: 值 2;...}

小提示：id 名不能以数字开头。

id 选择器不能自动识别，必须使用标签的全局属性 id 进行引用：

```
< 标签名 id="id 名 ">
```

【例 5-1-3】我来写：使用 id 选择器将页面中第二个 <p> 元素的样式设置为 16px 的绿色字体，请在空白处填写代码。

```
<head>
    <style>
        _____
    </style>
</head>
<body>
    <p> 第一个段落 </p>
    <p _____ > 第二个段落 </p>
</body>
```

4）通用选择器。通用选择器是一种特殊的选择器，用星号"*"表示，匹配网页中的所有元素。

基本语法：*{ 属性 1: 值 1; 属性 2: 值 2;...}

【例 5-1-4】我来写：将页面中所有元素的字体设置为微软雅黑，字号设置为 14px，请在下面写出代码。

（2）组合选择器。CSS 中组合选择器是基础选择器的升级版，也就是组合去使用基础选择器的意思。组合选择器主要有 5 个类别：多元素选择器、后代元素选择器、子元素选择器、相邻兄弟选择器和一般兄弟选择器。

1）多元素选择器。多元素选择器，同时匹配所有 E 元素和 F 元素，E 元素和 F 元素之间用逗号分隔。

基本语法：E,F{ 属性 1: 值 1; 属性 2: 值 2;...}

【例 5-1-5】我来写：请使用多元素选择器设置图 5-1-3 中 1 级标题、4 级标题及段落样式。字体为微软雅黑，颜色为蓝色，文本对齐方式为居中，请在空白处填写代码。

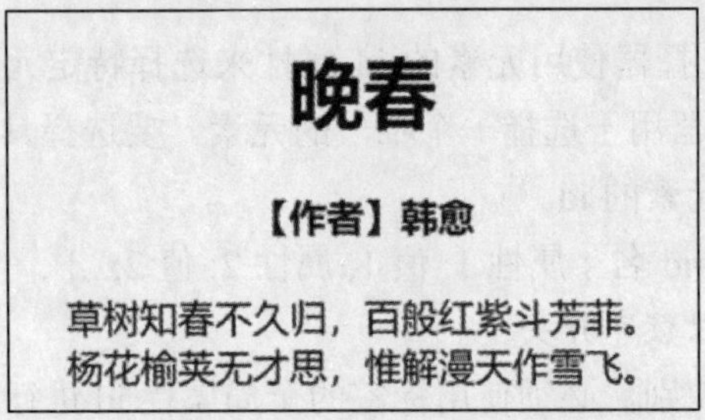

晚春

【作者】韩愈

草树知春不久归，百般红紫斗芳菲。
杨花榆荚无才思，惟解漫天作雪飞。

图 5-1-3　使用多元素选择器的页面效果

```
<html>
  <head>
    <meta charset="utf-8" />
    <title> 多元素选择器示例 </title>
    <style>

        _____
        _____
        _____

    </style>
  </head>
  <body>
    <h1> 晚春 </h1>
    <h4>【作者】韩愈 </h4>
    <p>
      草树知春不久归，百般红紫斗芳菲。<br />
      杨花榆荚无才思，惟解漫天作雪飞。<br />
    </p>
  </body>
</html>
```

2）后代元素选择器。后代元素选择器匹配属于指定元素后代的所有元素。例如，E F 表示选择属于 E 元素后代的 F 元素，其中 E 为父元素，F 为后代元素。

基本语法：E F{ 属性 1: 值 1; 属性 2: 值 2;...}

【例 5-1-6】我来写：请根据给出的代码在图 5-1-4 中给相应段落画上黄色背景。

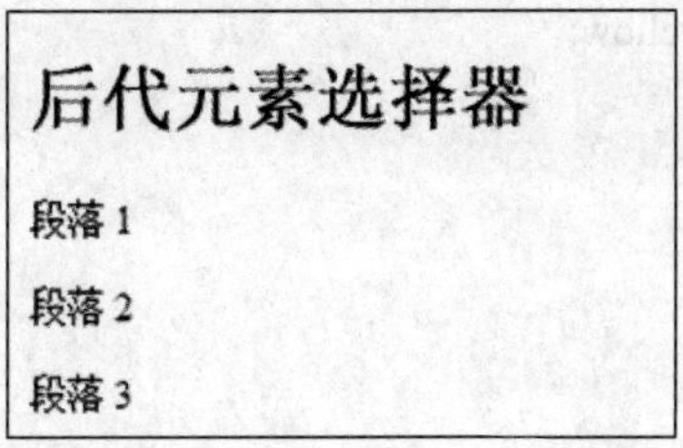

图 5-1-4 使用后代元素选择器的页面效果

```
<html>
  <head>
    <meta charset="utf-8" />
    <style>
      div p {
          background-color: yellow;
      }
    </style>
  </head>
  <body>
    <h1> 后代元素选择器 </h1>
    <div>
      <p> 段落 1</p>
      <section>
        <p> 段落 2</p>
      </section>
    </div>
    <p> 段落 3</p>
  </body>
</html>
```

3）子元素选择器。子元素选择器只能选择某元素的子元素。例如，E>F 表示选择 E 元素下的所有子元素 F，其中 E 为父元素，F 为直接子元素。

基本语法：E>F{ 属性 1: 值 1; 属性 2: 值 2;...}

【例 5-1-7】我来写：请根据给出的代码在图 5-1-5 中给相应段落画上黄色背景。

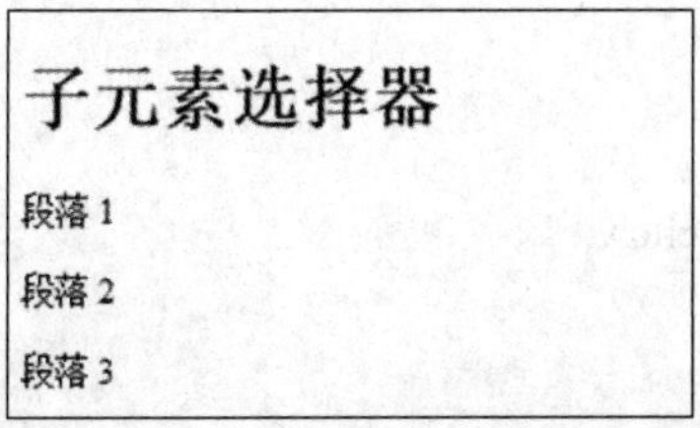

图 5-1-5 使用子元素选择器的页面效果

```
<html>
  <head>
    <meta charset="utf-8" />
```

```
<style>
  div>p {
    background-color: yellow;
  }
</style>
</head>
<body>
<h1> 子元素选择器 </h1>
<div>
  <p> 段落 1</p>
  <section>
    <p> 段落 2</p>
  </section>
</div>
<p> 段落 3</p>
</body>
</html>
```

4）相邻兄弟选择器。相邻兄弟选择器可以选择紧接在另一元素后的元素，而且它们具有相同的父元素。例如，E+F 表示选择 E 元素后面紧紧相邻的 F 元素，并且 E 和 F 具有同一个父元素。

基本语法：E+F{ 属性 1: 值 1; 属性 2: 值 2;..}

【例 5-1-8】我来写：请根据给出的代码在图 5-1-6 中给相应段落画上黄色背景。

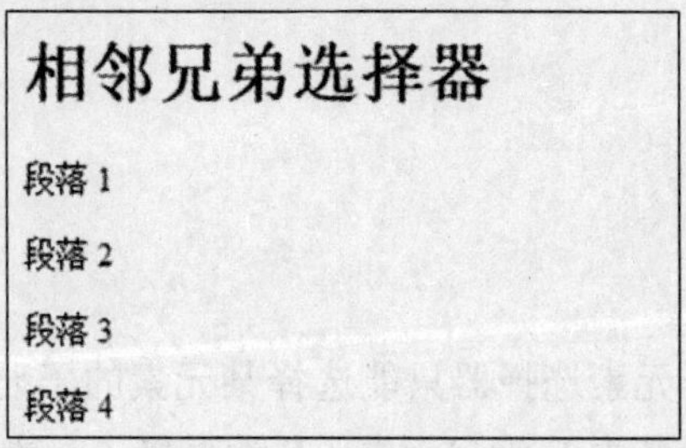

相邻兄弟选择器

段落 1
段落 2
段落 3
段落 4

图 5-1-6　使用相邻兄弟选择器的页面效果

```
<html>
  <head>
    <meta charset="utf-8" />
    <style>
      div+p {
        background-color: yellow;
      }
    </style>
  </head>
  <body>
    <h1> 相邻兄弟选择器 </h1>
    <div>
      <p> 段落 1</p>
    </div>
```

```
      <p> 段落 2</p>
      <p> 段落 3</p>
      <p> 段落 4</p>
    </body>
</html>
```

5）一般兄弟选择器。一般兄弟选择器将选择某元素后面的所有兄弟元素，它和相邻兄弟选择器类似，需要在同一个父元素之中。例如，E~F 表示匹配 E 元素后面的所有 F 元素，并且 E 和 F 具有同一个父元素。

基本语法：E~F{ 属性 1: 值 1; 属性 2: 值 2;...}

【例 5-1-9】我来写：请根据给出的代码在图 5-1-7 中给相应段落画上黄色背景。

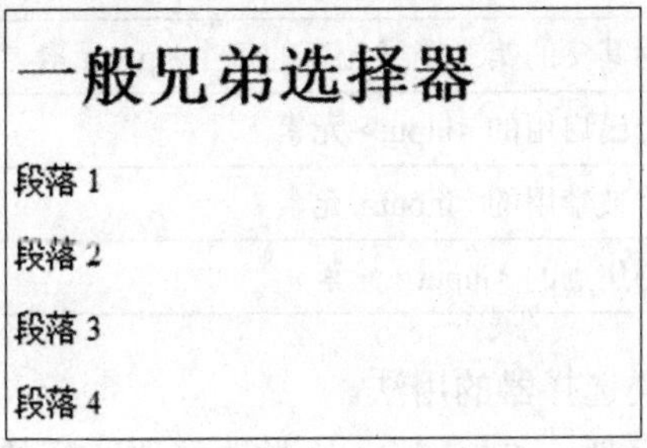

一般兄弟选择器

段落 1
段落 2
段落 3
段落 4

图 5-1-7　使用一般兄弟选择器的页面效果

```html
<html>
  <head>
    <meta charset="utf-8" />
    <style>
      Div~p {
        background-color: yellow;
      }
    </style>
  </head>
  <body>
    <h1> 一般兄弟选择器 </h1>
    <div>
      <p> 段落 1</p>
    </div>
    <p> 段落 2</p>
    <p> 段落 3</p>
    <p> 段落 4</p>
  </body>
</html>
```

（3）伪类选择器。伪类选择器是一种特殊的类选择器，是能被支持 CSS 的浏览器自动识别的选择器。

基本语法：E: 伪类 { 属性 1: 值 1; 属性 2: 值 2;...}

伪类选择器和类选择器不同，它是 CSS 已经定义好的，不能像类选择器那样任意命名，CSS 中的伪类选择器如表 5-1-1 所示。

表 5-1-1　常用的 CSS 伪类选择器

选择器	说明	示例
:link	选择所有未被访问的链接	a:link
:hover	选择鼠标指针悬停其上的链接	a:hover
:visited	选择所有已访问的链接	a:visited
:active	选择活动的链接	a:active
:first-child	选择作为其父的首个子元素的每个 \<p\> 元素	p:first-child
:first-of-type	选择作为其父的首个 \<p\> 元素的每个 \<p\> 元素	p:first-of-type
:nth-child(n)	选择作为其父的第二个子元素的每个 \<p\> 元素	p:nth-child(2)
:enabled	选择每个已启用的 \<input\> 元素	input:enabled
:disabled	选择每个被禁用的 \<input\> 元素	input:disabled
:focus	选择获得焦点的 \<input\> 元素	input:focus

下面介绍其中几种伪类选择器的用法。

1）:first-child 伪类选择器。:first-child 伪类选择器匹配的元素是另一个元素的第一个子元素。

【例 5-1-10】我来写：请根据给出的代码在图 5-1-8 中给相应段落画上红色边框。

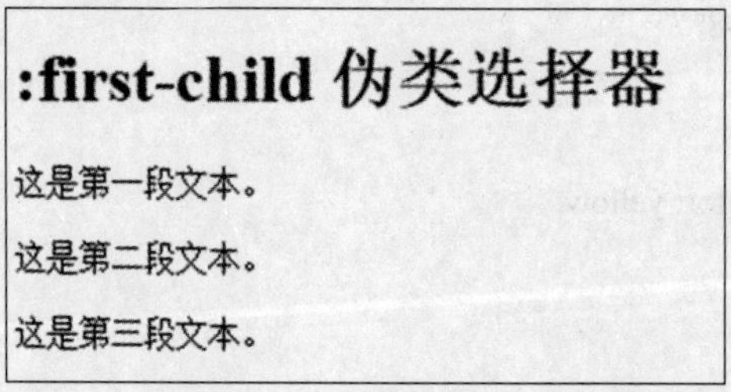

:first-child 伪类选择器

这是第一段文本。

这是第二段文本。

这是第三段文本。

图 5-1-8　使用 :first-child 伪类选择器的页面效果

```
<html>
  <head>
  <meta charset="utf-8" />
  <style>
  p:first-child {
      border:1px solid red;
  }
  </style>
</head>
<body>
  <h1>:first-child 伪类选择器 </h1>
  <p> 这是第一段文本。</p>
  <div>
  <p> 这是第二段文本。</p>
```

```
        <p> 这是第三段文本。</p>
    </div>
</body>
    </html>
```

2）:first-of-type 伪类选择器。p:first-of-type 伪类选择器选择所有作为其父元素的首个子元素 <p>。

【例 5-1-11】我来写：请根据给出的代码在图 5-1-9 中给指定段落画上红色边框。

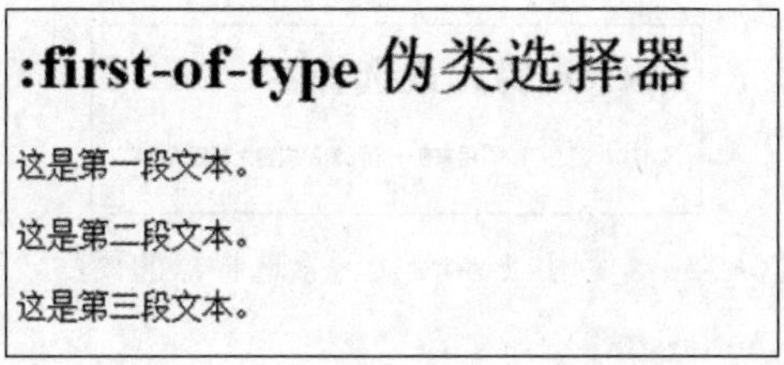

:first-of-type 伪类选择器

这是第一段文本。

这是第二段文本。

这是第三段文本。

图 5-1-9　使用 : first-of-type 伪类选择器的页面效果

```
<html>
    <head>
        <meta charset="utf-8"/>
        <style>
            p:first-of-type{
                border:1px solid red;
            }
        </style>
    </head>
    <body>
        <h1>::first-of-type 伪类选择器 </h1>
        <p> 这是第一段文本。</p>
        <div>
            <p> 这是第二段文本。</p>
            <p> 这是第三段文本。</p>
        </div>
    </body>
</html>
```

（4）伪元素选择器。伪元素选择器用来选取元素的一部分并设置其样式。

基本语法：E:: 伪元素 { 属性 1: 值 1; 属性 2: 值 2;...}

伪元素选择器是 CSS 已经定义好的，不能像类选择器那样任意命名，CSS 中的伪元素选择器如表 5-1-2 所示。

表 5-1-2　常用的 CSS 伪元素选择器

选择器	说明	示例
::after	在每个 <p> 元素之后插入内容	p::after
::before	在每个 <p> 元素之前插入内容	p::before
::first-letter	选择每个 <p> 元素的首字母	p::first-letter

续表

选择器	说明	示例
::first-line	选择每个 \<p\> 元素的首行	p::first-line
::selection	选择用户选择的元素部分	p::selection

【例 5-1-12】使用 ::before 伪元素选择器在元素内容之前插入一些内容，效果如图 5-1-10 所示。

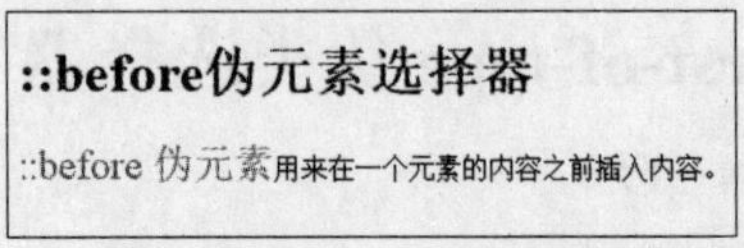

::before伪元素选择器

::before 伪元素用来在一个元素的内容之前插入内容。

图 5-1-10　使用 ::before 伪元素选择器的页面效果

```
<html>
<head>
  <meta charset="utf-8" />
  <style>
  p::before {
      content: "::before 伪元素 ";
      color:red;
      font-size:24px;
  }
  </style>
</head>
<body>
  <h1>::before 伪元素选择器 </h1>
  <p> 用来在一个元素的内容之前插入内容。</p>
</body>
</html>
```

（5）属性选择器。属性选择器是在标签后面加一个中括号，中括号中列出各种带有特定属性或表达式的元素。下面通过示例简单介绍几个常用的属性选择器。

1）存在属性匹配选择器。存在属性匹配选择器用于选取带有指定属性的元素。

基本语法：[attribute]{ 属性 1: 值 1; 属性 2: 值 2;...}

【例 5-1-13】我来写：图 5-1-11 中的效果是将带有 target 属性的链接设置为黄色背景，请根据此效果来填写代码中的空白部分。

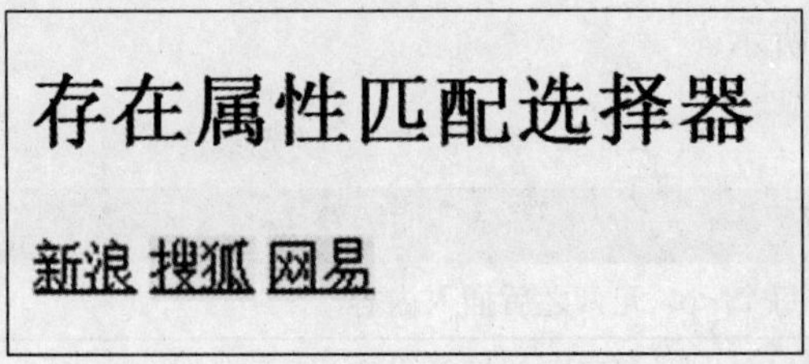

存在属性匹配选择器

新浪 搜狐 网易

图 5-1-11　使用属性匹配选择器的页面效果

```
<html>
<head>
  <meta charset="utf-8" />
  <style>
_____ {
    background-color: yellow;
}
</style>
</head>
<body>
  <h1> 存在属性匹配选择器 </h1>
  <a href="http://www.sina.com.cn"> 新浪 </a>
  <a href="http://www.sohu.com" target="_blank"> 搜狐 </a>
  <a href="http://www.163.com" target="_top"> 网易 </a>
</body>
</html>
```

2）精确属性匹配选择器。精确属性匹配选择器用于选取带有指定属性和值的元素。

基本语法：[attribute ="value"]{ 属性 1: 值 1; 属性 2: 值 2;...}

【例 5-1-14】我来写：图 5-1-12 中的效果是将带有 href 属性且属性值为 http://www.sina.com.cn 的链接设置带有红色边框，请根据此效果来填写代码中的空白部分。

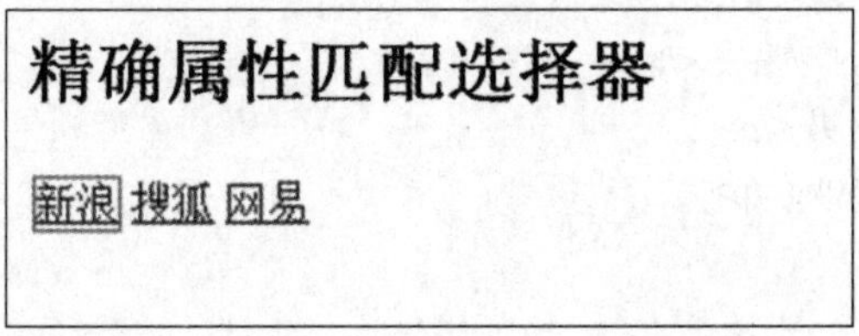

精确属性匹配选择器

新浪 搜狐 网易

图 5-1-12　使用精确属性匹配选择器的页面效果

```
<html>
<head>
  <meta charset="utf-8" />
  <style>
_____ {
    border:1px solid red;
}
</style>
</head>
<body>
  <h1> 精确属性匹配选择器 </h1>
  <a href="http://www.sina.com.cn"> 新浪 </a>
  <a href="http://www.sohu.com" target="_blank"> 搜狐 </a>
  <a href="http://www.163.com" target="_top"> 网易 </a>
</body>
</html>
```

3）前缀匹配选择器。前缀匹配选择器用于选取指定属性以指定值开头的元素。

基本语法：[attribute ^="value"]{ 属性 1: 值 1; 属性 2: 值 2;...}

【例 5-1-15】我来写：图 5-1-13 中的效果是将带有 class 属性且属性值以 user 开头的元素设置带有红色边框，请根据此效果来填写代码中的空白部分。

前缀匹配选择器

张三

男

50kg

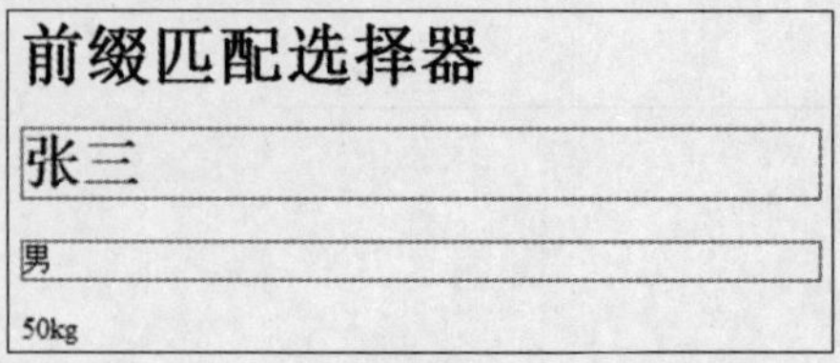

图 5-1-13   使用前缀匹配选择器的页面效果

```
<html>
<head>
  <meta charset="utf-8" />
    <style>
_____ {
    border:1px solid red;
  }
    </style>
</head>
<body>
  <h1> 前缀匹配选择器 </h1>
  <h1 class="username"> 张三 </h1>
  <p class="usersex"> 男 </p>
  <p class="weight">50kg</p>
</body>
</html>
```

4）后缀匹配选择器。后缀匹配选择器用于选取指定属性以指定值结尾的元素。

基本语法：[attribute $="value"]{ 属性 1: 值 1; 属性 2: 值 2;...}

【例 5-1-16】我来写：图 5-1-14 中的效果是将带有 class 属性且属性值以 text 结尾的元素设置黄色背景，请根据此效果来填写代码中的空白部分。

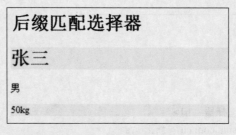

后缀匹配选择器

张三

男

50kg

图 5-1-14   使用后缀匹配选择器的页面效果

```
<html>
<head>
  <meta charset="utf-8" />
  <style>
```

```
                                          {
        background:yellow;
    }
    </style>
    </head>
    <body>
        <h1> 后缀匹配选择器 </h1>
        <h1 class="name_text"> 张三 </h1>
        <p class="sex"> 男 </p>
        <p class="weight_text">50kg</p>
    </body>
    </html>
```

5）子字符串匹配选择器。子字符串匹配选择器用于选取属性值包含指定词的元素。

基本语法：[attribute *="value"]{ 属性 1: 值 1; 属性 2: 值 2;...}

【例 5-1-17】我来写：图 5-1-15 中的效果是将带有 class 属性且属性值中包含 link
字符串 s 的元素设置黄色背景，请根据此效果来填写代码中的空白部分。

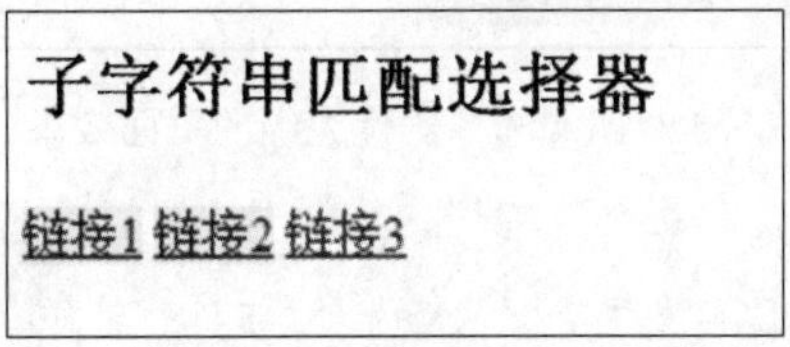

子字符串匹配选择器

链接1 链接2 链接3

图 5-1-15　使用子字符串匹配选择器的页面效果

```
<html>
    <head>
    <meta charset="utf-8" />
<style>
                                          {
        background:yellow;
    }
    </style>
</head>
<body>
    <h1> 子字符串匹配选择器 </h1>
    <a href="#" class="first_link_1"> 链接 1</a>
    <a href="#" class="second_link_2"> 链接 2</a>
    <a href="#" class="third"> 链接 3</a>
</body>
</html>
```

（6）选择器的优先级。在以上各种选择器中，id 选择器的优先级最高，其次是类
选择器，然后才是其他各种选择器。值得注意的是，由于伪类选择器必须定义在相应
的选择器之后，所以伪类选择器的优先级和伪类前面的选择器一致。

【例 5-1-18】下面来看一个选择器优先级的例子，实现图 5-1-16 所示的页面效果。

图 5-1-16　选择器优先级的页面效果

```
<html>
<head>
  <meta charset="utf-8" />
  <style>
  p{
      width:400px;
      height:150px;
      background:red;
  }
  .p{
      width:200px;
      background:blue;
  }
  #p{
      background:yellow;
  }
</style>
</head>
<body>
  <p> 这里是一个类选择器 </p>
  <p class="p"> 这里是一个类选择器 </p>
  <p class="p" id="p"> 这里既有类选择器又有 id 选择器 </p>
</body>
</html>
```

从上面的例子你得出了什么结论，请写下来。

5. CSS 文本样式

文本是网页中传递信息的主要方式，好的文本排版是对字型、颜色、尺寸、字间距、行距、段落等细节进行一定的设计，从而更好地向浏览者传递文本信息，提高网页信息的易读性。CSS 文本样式属性如表 5-1-3 所示。

表 5-1-3　CSS 文本样式属性

属性	说明
color	设置文本颜色
font-family	规定文本的字体系列（字体族）
font-size	规定文本的字体大小
font-style	规定文本的字体样式
font-variant	规定是否以小型大写字母的字体显示文本
font-weight	规定字体的粗细
font	简写属性，在一条声明中设置所有字体属性
letter-spacing	设置字符间距
line-height	设置行高
text-align	指定文本的水平对齐方式
text-decoration	指定添加到文本的装饰效果
text-indent	指定文本块中首行的缩进
text-shadow	指定添加到文本的阴影效果
text-transform	控制文本的大小写
text-overflow	指定应如何向用户示意未显示的溢出内容
vertical-align	指定文本的垂直对齐方式
word-spacing	设置单词间距
writing-mode	指定对象的内容块固有的书写方向
word-wrap/overflow-wrap	指定当内容超出容器范围时是否断行，CSS3 中将 word-wrap 改名为 overflow-wrap
white-space	指定如何处理元素内的空白

（1）color 属性。color 属性用来设置文本的颜色。

基本语法：color：color_name |HEX | RGB | RGBA | HSL | HSLA | Transparent；

语法说明：

1）color_name：color_name 是颜色的英文名称，例如 green 表示绿色、red 表示红色。

2）HEX：HEX 指颜色的十六进制表示法，所有浏览器都支持该方法。该表示法以"#"开头，基本形式为 #RRGGBB，其中的 RR（红光）、GG（绿光）、BB（蓝光）十六进制规定了颜色的成分，所有值必须介于 00 和 FF 之间。例如红色表示为 #FF0000。在此表示方式中，如果每两位颜色值相同，可以简写为 #RGB 形式。例如红色也可以表示为 #F00。

3）RGB：RGB 是指用 RGB 颜色值表示颜色，所有浏览器都支持该方法，RGB 颜色值规定形式为 RGB(red,green,blue)。其中 red、green 和 blue 分别表示红、绿、蓝光源的强度，可以为 0 ~ 255 的整数，或者是 0% ~ 100% 的百分比值。例如 RGB(255,0,0) 和 RGB(100%,0%,0%) 都表示红色。

4）RGBA：RGBA 颜色值是 CSS3 新增的表示方式，形式为 RGBA(red,green,blue,alpha)。此表示方式与 RGB 相同，它只是在 RGB 的基础上新增了 alpha 表示不透明度，alpha 的取值范围为 0.0（完全透明）~ 1.0（完全不透明）。例如 RGBA(255,0,0,0.5) 表示半透明的红色。

5）HSL：HSL 颜色值是 CSS3 新增的表示方式，形式为 HSL(hue,saturation,lightness)，其中 hue（色调）是指色盘上的度数，取值范围为 0 ~ 360（0 或 360 是红色，120 是绿色，240 是蓝色）；saturation（饱和度），取值范围为 0% ~ 100%（0% 是灰色，100% 是全彩色）；lightness（亮度），取值范围为 0% ~ 100%（0% 是黑色，100% 是白色）。例如 HSL(360,100%,60%) 表示红色。

6）HSLA：HSLA 颜色值是 CSS3 新增的表示方式，形式为 HSL(h,s,l,a)。此表示方式与 HSL 相同，只是在 HSL 的基础上新增了不透明度 alpha。例如 HSL(360,100%,100%,0.5) 表示半透明的红色。

7）Transparent：表示透明。

代码示例：color:#F0F0F0;

（2）font-family 属性。font-family 属性用于指定文本的字型，例如黑体、隶书等。

基本语法：font-family: 字型 1, 字型 2, ... ;

语法说明：font-family 后可以是一种字型，也可以设置一个字型序列，如果浏览器不支持第一个字型，则会尝试下一个，如果字型名称包含空格，则必须加上引号。

代码示例：font-family:"Times New Roman",Georgia,Serif;

（3）font-size 属性。font-size 属性用于设置字体大小。

基本语法：font-size: 长度 | 绝对尺寸 | 相对尺寸 | 百分比；

语法说明：

1）长度：长度单位有 px（像素）、pt（点）、pc（皮卡）、in（英寸）、cm（厘米）、

mm（毫米）、em（字体高）和 ex（字符 X 的高度），其中 px、em 和 ex 是 CSS 相对长度单位，in、cm、mm、pt 和 pc 是 CSS 绝对长度单位，用长度值指定文字大小时不允许为负值。

2）绝对尺寸：绝对尺寸每一个值都对应一个固定尺寸，可以取值为 xx-small（最小）、x-small（较小）、small（小）、medium（正常）、large（大）、x-large（较大）和 xx-large（最大）。

3）相对尺寸：相对尺寸相对于父对象中的字体尺寸进行相对调节，可选参数值为 smaller 和 larger。

4）百分比：用百分比指定文字大小，相对于父对象中字体的尺寸。

代码示例：font-size:12px;

（4）font-weight 属性。font-weight 属性用于设置文本的粗细。

基本语法：font-weight: normal | bold | bolder | lighter | 100 | 200 | 300 | 400 | 500 | 600 | 700 | 800 | 900;

语法说明：normal 为正常的字体，相当于数字值 400；bold 为粗体，相当于数字值 700；bolder 定义比继承值更重的值；lighter 定义比继承值更轻的值；100 ~ 900 表示用数字表示字体粗细，400 等同于 normal，而 700 等同于 bold。

代码示例：font-weight:normal;

（5）font-style 属性。font-style 属性用于指定文本的字体样式。

基本语法：font-style: normal | italic | oblique;

语法说明：normal 为正常字体；italic 指定文本字体样式为斜体，对于没有设计斜体的特殊字体，如果要使用斜体外观将应用 oblique；oblique 指定文本字体样式为倾斜的字体，人为地使文字倾斜，而不是去选取字体中的斜体字。

代码示例：font-style:italic;

（6）font-variant 属性。font-variant 属性用于定义小型大写字母文本。

基本语法：font-variant: normal | small-caps;

语法说明：normal 为默认值，浏览器会显示一个标准的字体；small-caps 为显示小型大写字母的字体。

代码示例：font-variant: small-caps;

（7）font 属性。font 属性为字体复合属性，可以在该属性中指定所有单个字体属性。

基本语法：font:font-style font-variant font-weight font-size font-family;

语法说明：font 属性中的属性值排列顺序是 font-style、font-variant、font-weight、font-size 和 font-family；属性排列中，font-style、font-variant 和 font-weight 可以进行顺序的调换，而 font-size 和 font-family 则必须按照固定顺序出现，如果这两个顺序错误或者缺少，那么整条样式可能会被忽略；另外，在字体大小属性值部分可以添加行高属性，以"/"分隔。

代码示例：font:italic normal bold 13px/20px 宋体；

（8）line-height 属性。line-height 属性用于设置文本的行高值。

基本语法：line-height: normal | 长度 | 百分比 | 数值；

语法说明：normal 为默认行高；长度是用长度值指定行高，不允许为负值；百分比是用百分比指定行高，其百分比取值是基于字体的高度尺寸。如 line-height:150% 设定行高为字体尺寸的 150%，即 1.5 倍行距；数值是用乘积因子指定行高，不允许为负值，如 line-height:2 设定行高为字体大小的 2 倍，相当于 2 倍行距。

代码示例：line-height:1.5;

（9）text-align 属性。text-align 属性用于设置文本的水平对齐方式。

基本语法：text-align: left | right | center；

语法说明：left 设置内容左对齐；center 设置内容居中对齐；right 设置内容右对齐。

代码示例：text-align:left;

（10）text-indent 属性。text-indent 属性用于设置文本缩进。

基本语法：text-indent: [长度值 | 百分比]；

语法说明：可用长度值指定文本的缩进，可以为负值；也可用百分比指定文本的缩进，可以为负值。

代码示例：text-indent:20%;

（11）text-transform 属性。text-transform 属性用于设置文本的大小写。

基本语法：text-transform : none | capitalize | uppercase | lowercase | full-width；

语法说明：none 表示无转换，正常显示；capitalize 表示将每个单词的第一个字母转换成大写；uppercase 表示将单词的每个字母转换成大写；lowercase 表示将单词的每个字母转换成小写；full-width 是 CSS3 的新增属性值，表示将所有字符转换成 fullwidth（全字型或全角）形式，如果字符没有相应的 fullwidth 形式，将保留原样（Chrome 浏览器不支持，Firefox 浏览器支持）。

代码示例：text-transform : capitalize;

（12）letter-spacing 属性。letter-spacing 属性用于设置字符之间的距离。

基本语法：letter-spacing: normal | 长度 | 百分比；

语法说明：normal 为默认间隔；长度表示用长度值指定间隔，可以为负值；百分比是 CSS3 的新增属性值，表示用百分比指定间隔，可以为负值，但目前主流浏览器均不支持百分比属性值。

代码示例：letter-spacing:3px;

（13）word-spacing 属性。word-spacing 属性用于增加或减少字与字之间的空白。

基本语法：word-spacing: normal | 长度 | inherit；

语法说明：normal 为默认值，定义单词间的标准空间；长度用来定义单词间的固定空间；inherit 规定应该从父元素继承 word-spacing 属性的值。

代码示例：word-spacing: 5px;

（14）vertical-align 属性。vertical-align 属性用于设置元素的垂直对齐方式。

基本语法：vertical-align：baseline | sub | super | top | text-top | middle | bottom | text-bottom | 百分比 | 长度；

语法说明：baseline 为默认值，与基线对齐；sub 为垂直对齐文本的下标；super 为垂直对齐文本的上标；top 为顶端与行中最高元素的顶端对齐；text-top 为顶端与行中最高文本的顶端对齐；middle 为垂直对齐元素的中部；bottom 为底端与行中最低元素的底端对齐；text-bottom 为底端与行中最低文本的底端对齐；百分比表示用百分比指定由基线算起的偏移量，基线为 0%；长度表示用长度值指定由基线算起的偏移量，基线为 0。

【例 5-1-19】使用垂直对齐属性实现图 5-1-17 所示的效果。

```html
<html>
<head>
  <style type="text/css">
    p{ font-size:18px;font-weight:bold; }
    span{ font-size:13px;}
    .vertical1{ vertical-align:baseline; }
    .vertical2{ vertical-align:sub; }
    .vertical3{ vertical-align:super; }
    .vertical4{ vertical-align:top; }
    .vertical5{ vertical-align:text-top; }
    .vertical6{ vertical-align:middle; }
    .vertical7{ vertical-align:bottom; }
    .vertical8{ vertical-align:text-bottom; }
    .vertical9{ vertical-align:10px; }
    .vertical10{ vertical-align:20%; }
  </style>
</head>
<body>
  <p> 参考文本 <span class="vertical1">baseline 基线对齐 </span></p>
  <p> 参考文本 <span class="vertical2">sub 下标对齐 </span></p>
  <p> 参考文本 <span class="vertical3">super 上标对齐 </span></p>
  <p> 参考文本 <img src="logo.png"/><span class="vertical4">top 顶部对齐 </span></p>
  <p> 参考文本 <img src="logo.png"/><span class="vertical5">text-top 顶端对齐 </span></p>
  <p> 参考文本 <span class="vertical6">middle 居中对齐 </span></p>
  <p> 参考文本 <span class="vertical7">bottom 底部对齐 </span></p>
  <p> 参考文本 <span class="vertical8">text-bottom 底部对齐 </span></p>
  <p> 参考文本 <span class="vertical9">10px 数值对齐 </span></p>
  <p> 参考文本 <span class="vertical10">20% 数值对齐 </span></p>
</body>
</html>
```

图 5-1-17　使用垂直对齐属性的效果

（15）text-decoration 属性。text-decoration 属性用于设置文本的修饰，包括下划线、上划线、删除线等。

基本语法：

```
text-decoration:<text-decoration-line> | < text-decoration-style> | <text-decoration-color>;
text-decoration-line：none | [ underline | overline | line-through | blink ];
text-decoration-style：solid | double | dotted | dashed | wavy;
text-decoration-color：颜色；
```

语法说明：

1）text-decoration-line 指定文本装饰线的位置和种类。其中，none 为关闭原本应用到一个元素上的所有装饰；underline 设置文本修饰为下划线；overline 设置文本修饰为上划线；line-through 设置文本修饰为删除线；blink 设置文本修饰为文本闪烁，大部分浏览器都不支持 blink 值。

2）text-decoration-style 指定文本装饰的样式，也就是文本修饰线条的形状，该值可以是 solid、double、dotted、dashed、wave。其中，solid 表示实线，double 表示双线，dotted 表示点线，dashed 表示虚线，wave 表示波浪线。

3）text-decoration-color 指定文本装饰线条的颜色，可以使用任何合法的颜色值。

代码示例：

```
text-decoration:underline solid red;
```

（16）text-shadow 属性。text-shadow 属性用于设置文本阴影。

基本语法：text-shadow:h-shadow v-shadow blur color;

语法说明：h-shadow 参数必须填写，表示水平阴影的位置，允许为负值；v-shadow 参数必须填写，表示垂直阴影的位置，允许为负值；blur 参数可选，表示模糊的距离；color 参数可选，表示阴影的颜色。

【例 5-1-20】使用文本阴影属性实现图 5-1-18 所示的效果。

```
<html>
<head>
  <style type="text/css">
  p{
      font-size:24px;
      font-family: 黑体，微软雅黑；
      font-weight:bold;
  }
  .ts1{
      text-shadow:6px 6px 3px red;
  }
  .ts2{
      text-shadow:-6px -4px 3px red,-10px -8px 3px green;
  }
  .ts3{
      text-shadow:5px 3px 2px red,10px 6px 2px yellow,15px 9px 3px blue;
  }
  </style>
</head>
<body>
  <p class="ts1"> 一重阴影 </p>
  <p class="ts2"> 二重阴影 </p>
  <p class="ts3"> 三重阴影 </p>
</body>
</html>
```

图 5-1-18　使用文本阴影属性的效果

（17）writing-mode 属性。writing-mode 属性用于控制对象的内容块固有的书写方向。

基本语法：writing-mode: horizontal-tb | vertical-rl | vertical-lr | lr-tb | tb-rl;

语法说明：

1）horizontal-tb：水平文本，从左到右，CSS3 标准属性，IE 浏览器不支持，其他浏览器高版本一般支持。

2）vertical-rl：垂直文本，从右到左，CSS3 标准属性，IE 浏览器不支持，其他浏览器高版本一般支持。

3）vertical-lr：垂直文本，从左到右，CSS3 标准属性，IE 浏览器不支持，其他浏览器高版本一般支持。

4）lr-tb：水平文本，从左到右，IE 私有属性，其他浏览器高版本一般也支持。

5）tb-rl：垂直文本，从右到左，IE 私有属性，其他浏览器高版本一般也支持。

【例 5-1-21】使用书写模式属性实现图 5-1-19 所示的效果。

```html
<html>
<head>
  <style type="text/css">
    div {
      width: 120px;
      height: 100px;
      margin: 5px;
      border: 1px solid black;
      float: left;
      font-size: 12px;
    }
    .wm1 {
      writing-mode: horizontal-tb;    /* 适用于大多数浏览器，IE 浏览器不支持 */
      writing-mode: lr-tb;            /* 适用于 IE 浏览器，其他浏览器高版本也可能支持 */
    }
    .wm2 {
      writing-mode: vertical-rl;      /* 适用于大多数浏览器，IE 浏览器不支持 */
      writing-mode: tb-rl;            /* 适用于 IE 浏览器，其他浏览器高版本也可能支持 */
    }
    .wm3 {
      writing-mode: vertical-lr;      /* 适用于大多数浏览器，IE 浏览器不支持 */
    }
  </style>
</head>
<body>
  <div class="wm1">
    故人西辞黄鹤楼，烟花三月下扬州。孤帆远影碧空尽，唯见长江天际流。
  </div>
  <div class="wm2">
    故人西辞黄鹤楼，烟花三月下扬州。孤帆远影碧空尽，唯见长江天际流。
  </div>
  <div class="wm3">
    故人西辞黄鹤楼，烟花三月下扬州。孤帆远影碧空尽，唯见长江天际流。
  </div>
</body>
</html>
```

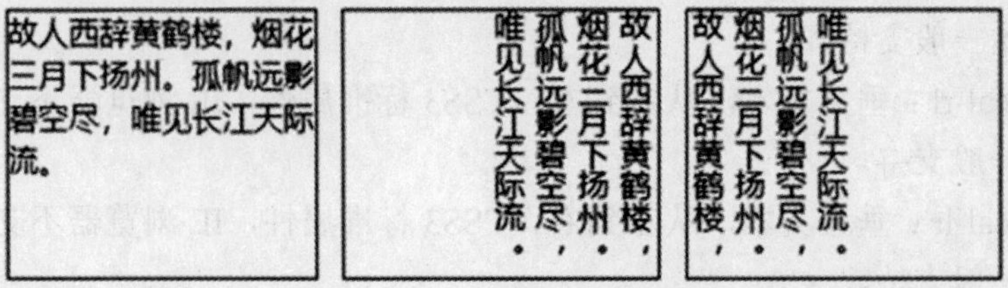

图 5-1-19　使用书写模式属性的效果

（18）word-wrap 和 overflow-wrap 属性。当文本在一个比较窄的容器中时，字符串超出容器范围时不会断行，而是顶破容器显示到容器外面，此时可以设置 word-wrap 或 overflow-wrap 属性，它们可以让字符串在到达容器的宽度限制时换行。

word-wrap 这个属性最初是由微软发明的，是 IE 浏览器的私有属性，后期成为标准属性。主流浏览器都支持该属性，该属性目前有一个新的版本 overflow-wrap。overflow-wrap 和 word-wrap 具有相同的属性值，目前这两个属性都可用，各浏览器对它们的支持情况不同，建议使用 overflow-wrap 属性时最好同时使用 word-wrap 作为备选，以便向前兼容。

基本语法：

```
word-wrap: normal | break-word;
overflow-wrap: normal | break-word;
```

语法说明：normal 允许内容顶开或溢出指定的容器边界；break-word 允许内容在边界内换行，如果需要，允许在单词内部断行。

【例 5-1-22】使用断行处理属性实现图 5-1-20 所示的效果。

```
<html>
<head>
  <title> 断行处理 </title>
  <style type="text/css">
    div {
        width: 120px;
        height: 80px;
        margin: 10px;
        border: 1px solid black;
        font: 12px;
    }
    .ow1 {
        word-wrap: normal;
        overflow-wrap: normal;
    }
    .ow2 {
        word-wrap: break-word;
        overflow-wrap: break-word;
    }
  </style>
</head>
<body>
  <div class="ow1"> 新浪：http://www.sina.com.cn/</div>
  <div class="ow2"> 新浪：http://www.sina.com.cn/。</div>
</body>
</html>
```

新浪：
http://www.sina.com.cn/

新浪：
http://www.sin
a.com.cn/。

图 5-1-20　使用断行处理属性的效果

（19）white-space 属性。white-space 属性用于设置如何处理元素内的空白。

基本语法：white-space: normal | pre | nowrap;

语法说明：normal 为默认值，空白会被浏览器忽略；pre 表示空白会被浏览器保留，其行为方式类似 HTML5 中的 <pre> 标签；nowrap 表示文本不会换行，文本会在同一行上继续，直到遇到
 标签为止。

【例 5-1-23】使用处理元素内空白属性实现图 5-1-21 所示的效果。

```
<html>
<head>
  <meta charset="utf-8">
  <title></title>
  <style>
    div {
      width: 220px;
      border: 1px solid red;
      margin: 10px;
    }
    .ws1 {white-space: normal;}
    .ws2 {white-space: pre;}
    .ws3 {white-space: nowrap;}
  </style>
</head>
<body>
  <div class="ws1">
    好雨知时节，当春乃发生。
    随风潜入夜，润物细无声。
    野径云俱黑，江船火独明。
    晓看红湿处，花重锦官城。
  </div>
  <div class="ws2">
    好雨知时节，当春乃发生。
    随风潜入夜，润物细无声。
    野径云俱黑，江船火独明。
    晓看红湿处，花重锦官城。
  </div>
  <div class="ws3">
```

好雨知时节，当春乃发生。
随风潜入夜，润物细无声。
野径云俱黑，江船火独明。
晓看红湿处，花重锦官城。
　　</div>
</body>
</html>

好雨知时节，当春乃发生。随
风潜入夜，润物细无声。野径
云俱黑，江船火独明。晓看红
湿处，花重锦官城。

好雨知时节，当春乃发生。
随风潜入夜，润物细无声。
野径云俱黑，江船火独明。
晓看红湿处，花重锦官城。

好雨知时节，当春乃发生。随风潜入夜，润物细无声。野径云俱黑，江船火独明。晓看红湿处，花重锦官城。

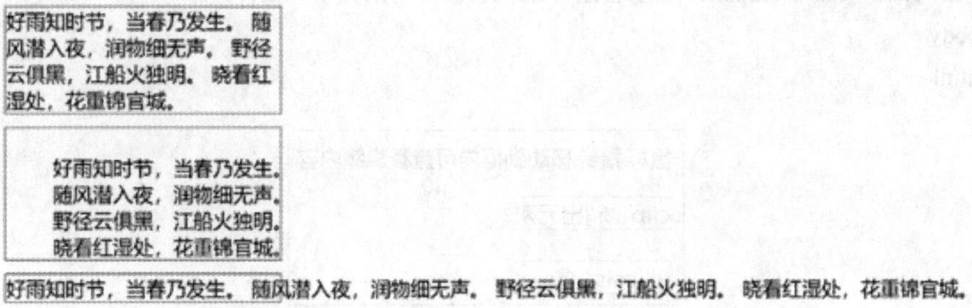

图 5-1-21　使用处理元素内空白属性的效果

（20）text-overflow 属性。text-overflow 属性用于指定当文本溢出包含它的元素时应该如何显示。可以设置溢出后文本被剪切、显示省略号等。

基本语法：text-overflow: clip|ellipsis;

语法说明：clip 表示剪切文本，ellipsis 表示显示省略号来代表被修剪的文本。

【例 5-1-24】使用文本溢出属性实现图 5-1-22 所示的效果。

```
<html>
<head>
  <meta charset="utf-8">
  <title></title>
  <style>
    div.to1 {
      width: 100px;
      border: 1px solid black;
      overflow: hidden;
      white-space: nowrap;
      text-overflow: clip;
    }
    div.to2 {
      width: 100px;
      border: 1px solid black;
      overflow: hidden;
      white-space: nowrap;
      text-overflow: ellipsis;
    }
    div.to1:hover,
    div.to2:hover {
      overflow: visible;
```

```
        }
    </style>
</head>
<body>
    <p> 鼠标指针移动到框内可查看隐藏内容 </p>
    <div class="to1">clip：超出元素的文本被剪切 </div>
    <br>
    <div class="to2"> ellipsis：显示省略号来代表被修剪的文本 </div>
</body>
</html>
```

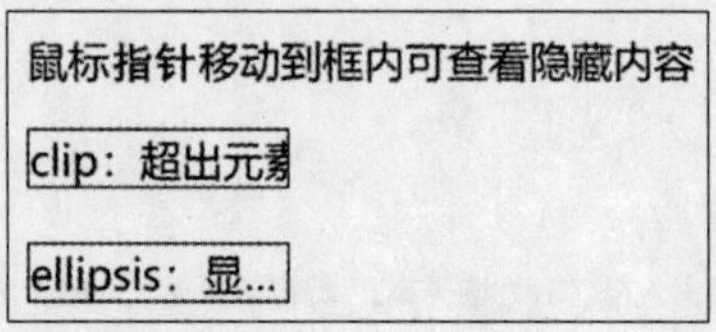

鼠标指针移动到框内可查看隐藏内容

clip：超出元素

ellipsis：显...

图 5-1-22　使用文本溢出属性被剪切的效果

6. CSS 背景

网页背景在页面中对主要内容进行衬托，背景与主要内容搭配得当可以使网页的整体效果得到提升。CSS 背景属性如表 5-1-4 所示。

表 5-1-4　CSS 背景属性

属性	说明
background	在一条声明中设置所有背景属性的简写属性
background-color	设置元素的背景色
background-image	设置元素的背景图像
background-attachment	设置背景图像是固定的还是与页面的其他部分一起滚动
background-clip	规定背景的绘制区域
background-origin	规定在何处放置背景图像
background-position	设置背景图像的开始位置
background-repeat	设置背景图像是否重复及如何重复
background-size	规定背景图像的尺寸

（1）background-color 属性。background-color 属性用来为任何元素背景指定一个单一背景色。

基本语法：background-color: 颜色值 ;

代码示例：background-color:blue;

（2）background-image 属性。background-image 属性用来为任何元素指定背景图像。

基本语法：background-image: none | url(图像路径);

语法说明：none 表示无背景，url 为背景图像的具体路径。

代码示例：background-image: url("img/bg.jpg");

（3）background-repeat 属性。background-repeat 属性用来设置背景图像是否重复。

基本语法：background-repeat: repeat | no-repeat | repeat-x | repeat-y| space | round;

语法说明：repeat 为默认值，背景图像在横向和纵向平铺；no-repeat 为背景图像不重复；repeat-x 为背景图像仅在水平方向平铺；repeat-y 为背景图像仅在垂直方向平铺；round 是 CSS3 的新增关键字，背景图像自动缩放直到适应且填充满整个容器；space 是 CSS3 的新增关键字，背景图像以相同的间距平铺且填充满整个容器或某个方向。

【例 5-1-25】使用背景图像属性实现图 5-1-23 所示的效果。

```html
<html>
<head>
  <title> 背景图像平铺 </title>
  <style type="text/css">
    div {
      width: 240px;
      height: 160px;
      float: left;
      margin: 10px;
      font-size: 30px;
      font-weight: 900;
      text-align: center;
      border: 1px solid black;
      background-image: url(img/flower.png);
    }
    #bi1 {background-repeat: repeat;}
    #bi2 {background-repeat: no-repeat;}
    #bi3 {background-repeat: repeat-x;}
    #bi4 {background-repeat: repeat-y;}
    #bi5 {background-repeat: space;}
    #bi6 {background-repeat: round;}
  </style>
</head>
<body>
  <div id="bi1">repeat</div>
  <div id="bi2">no-repeat</div>
  <div id="bi3">repeat-x</div>
  <div id="bi4">repeat-y</div>
  <div id="bi5">space</div>
  <div id="bi6">round</div>
</body>
</html>
```

图 5-1-23　使用背景图像属性的效果

（4）background-position 属性。background-position 属性用来设置背景图像的位置。

基本语法：background-position : 关键字 | 百分比 | 长度 ；

语法说明：

1）关键字在水平方向上有 left、center 和 right，垂直方向有 top、center 和 bottom，关键字含义如下：水平方向和垂直方向的关键字可以相互搭配使用，其中 center 表示背景图像横向或纵向居中，left 表示背景图像在横向上填充从左边开始，right 表示背景图像在横向上填充从右边开始，top 表示背景图像在纵向上填充从顶部开始，bottom 表示背景图像在纵向上填充从底部开始。

2）百分比表示用百分比指定背景图像填充的位置，可以为负值，一般要指定两个值，两个值之间用空格隔开，分别代表水平位置和垂直位置，水平位置的起始参考点在网页页面左端，垂直位置的起始参考点在页面顶端。默认值为 0% 0%，效果等同于 left top。

3）长度表示用长度值指定背景图像填充的位置，可以为负值，也要指定两个值，代表水平位置和垂直位置，起始点相对于页面左端和顶端。

代码示例：background-position: 200px -100px;

（5）background-attachment 属性。background-attachment 属性用来设置背景图像滚动的方式。

基本语法：background-attachment : scroll | fixed| local;

语法说明：scroll 表示背景图是相对于元素自身固定，内容动时背景图也动，对于 scroll，一般情况背景随内容滚动，但是有一种情况例外，对于可以滚动的元素（设置为 overflow:scroll 的元素），当 background-attachment 设置为 scroll 时背景图不会随元素内容的滚动而滚动；fixed 表示背景图像相对于窗体固定，就算元素有了滚动条，背景图也不随内容滚动；local 表示背景图是相对于元素自身内容定位，对于可以滚动的元素（设置为 overflow:scroll 的元素），设置 background-attachment:local 则背景会随内容的滚动而滚动。

代码示例：background-attachment : fixed;

（6）background-origin 属性。background-origin 属性用来设置背景的参考原点。

基本语法：background-origin : padding-box | border-box | content-box;

语法说明：padding-box 表示从 padding 区域（含 padding）开始显示背景图像，

border-box 表示从 border 区域（含 border）开始显示背景图像，content-box 表示从 content 区域开始显示背景图像。

【例 5-1-26】使用背景参考原点属性实现图 5-1-24 所示的效果。

```
<html>
<head>
  <title> 背景参考原点 </title>
  <style type="text/css">
    p {
        width: 300px;
        height: 300px;
        padding: 20px;
        border: 10px dashed #000;
        background-image: url(img/tree.jpg);
        background-repeat: no-repeat;
        float: left;
        margin: 10px;
        font-size: 20px,
    }
    .bo1 {background-origin: padding-box;}
    .bo2 {background-origin: border-box;}
    .bo3 {background-origin: content-box;}
  </style>
</head>
<body>
  <p class="bo1"> 从 padding 开始显示背景图片 </p>
  <p class="bo2"> 从 border 开始显示背景图片 </p>
  <p class="bo3"> 从 content 开始显示背景图片 </p>
</body>
</html>
```

图 5-1-24　使用背景参考原点属性的效果

（7）background-size 属性。background-size 属性用来设置背景图像尺寸。

基本语法：background-size: 长度 | 百分比 | auto | cover | contain;

语法说明：

1）当使用长度和百分比值时，可以提供 1 ～ 2 个参数。如果只提供 1 个参数，该参数表示背景图像的宽度，背景图像的高度则按给定的宽度进行等比缩放；如果提供

2 个参数，则第 1 个表示背景图像的宽度，第 2 个表示背景图像的高度。使用百分比时，参考对象为背景区域。

2）关键字 auto 表示背景图像为真实大小；cover 将背景图像等比缩放到完全覆盖容器，背景图像有可能超出容器；contain 将背景图像等比缩放到宽度与容器的宽度相等，背景图像始终被包含在容器内。

代码示例：background-size: contain;

（8）background-clip 属性。background-clip 属性用来设置背景图像裁剪区域。

基本语法：background-clip: border-box | padding-box | content-box | text;

语法说明：border-box 为默认值，不会发生裁剪；padding-box 表示超出 padding 区域的背景将会被裁剪；content-box 表示超出 content 区域的背景将会被裁剪；text 表示以前景内容的形状（如文本）作为裁剪区域向外裁剪，如此即可实现使用背景作为填充色之类的遮罩效果，IE、Firefox 等浏览器不支持此效果，使用 Chrome 等支持该效果的浏览器时 text 的属性值前必须使用 webkit，同时还要配合 -webkit-text-fill-color:transparent 使用。

【例 5-1-27】使用背景图像裁剪属性实现图 5-1-25 所示的效果。

```html
<html>
<head>
    <title> 背景图像裁剪 </title>
    <style type="text/css">
        div {
            width: 260px;
            height: 120px;
            padding: 20px;
            border: 10px dashed #000;
            background-image: url(img/tree.jpg);
            background-repeat: no-repeat;
            float: left;
            margin: 10px;
            font-size: 36px;
            font-weight: 900;
            font-family: 黑体 ;
        }
        .bc1 {background-clip: border-box;}
        .bc2 {background-clip: padding-box;}
        .bc3 {background-clip: content-box;}
        .bc4 {
            -webkit-background-clip: text;
            /* 以前景内容的形状作为裁剪区域向外裁剪背景 */
            -webkit-text-fill-color: transparent;
            /* 文本颜色设置为透明，透出背景图像 */
        }
    </style>
</head>
<body>
```

```
<div class="bc1"> 背景不裁剪 </div>
<div class="bc2">border 区域背景被裁剪 </div>
<div class="bc3">border 和 padding 部分的背景被裁剪 </div>
<div class="bc4"> 从前景内容的形状作为裁剪区域向外裁剪背景 </div>
</body>
</html>
```

图 5-1-25　使用背景图像裁剪属性的效果

（9）linear gradient() 函数。linear-gradient() 函数用来创建线性渐变背景图像。

基本语法：background-image: linear-gradient(angle, color-stop1, color-stop2,...);

语法说明：angle 用角度值指定渐变的方向（或角度），color-stop1, color-stop2,... 用于指定渐变的起止颜色。

【例 5-1-28】使用线性渐变背景图像函数实现图 5-1-26 所示的效果。

```
<html>
<head>
  <meta charset="utf-8">
  <title></title>
  <style type="text/css">
    body {
      background-image: linear-gradient(yellow, red);
      background-attachment: fixed;
    }
    div {
      width: 200px;
      height: 100px;
      padding: 10px;
      float: left;
      border: 1px solid #000;
      background-repeat: no-repeat;
      margin: 10px;
      font-size: 14px;
    }
    .lg1 {background: linear-gradient(yellow, red);}
    .lg2 {
      background: linear-gradient(to right, red, orange, yellow, green, blue, indigo, violet);
    }
    .lg3 {background: linear-gradient(to bottom right, red, yellow);}
    .lg4 {background: linear-gradient(-90deg, red, yellow);}
```

```
    </style>
<body>
    <div class="lg1"></div>
    <div class="lg2"></div>
    <div class="lg3"></div>
    <div class="lg4"></div>
</body>
</html>
```

图 5-1-26　使用线性渐变背景图像函数的效果

（10）background 属性。background 是背景复合属性，我们可以在一个声明中设置所有的背景属性。在 CSS3 中，可以对一个元素应用多个图像作为背景，此时需要用逗号来区别各个图像。默认情况下，第一个声明的图像定位在元素顶部，其他的图像按序在其下排列。

基本语法：background: background-color background-image background-position/background-size background-repeat background-origin background-clip background-attachment initial|inherit;

语法说明：background 可以设置 background-color、background-image、background-position、background-size、background-repeat、background-origin、background-clip、background-attachment initial|inherit 属性值，如果不设置其中的某个值，也不会出问题，如 background:#ff0000 url('smiley.gif'); 也是允许的，通常建议使用这个属性，而不是分别使用单个属性，因为这个属性在较老的浏览器中也能够得到更好的支持，而且需要输入的字母更少。

示例代码：

```
background:url(img/1.jpg) no-repeat top left fixed,
    url(img /2.jpg) no-repeat top right,
    url(img /3.jpg) no-repeat bottom left,
    url(img /4.jpg) no-repeat bottom right,
    url(img /5.jpg) no-repeat center center;
```

📚 任务实施

（1）请同学们通过课前预习掌握 CSS 的 3 种使用方法并完成任务工作单 5-1-1。

任务工作单 5-1-1

组号： 姓名： 学号：

使用 CSS 的方法	代码示例	适用场景

（2）通过对知识链接部分的学习，请同学们对照任务工作单 5-1-2 中要求的效果写出对应的 CSS 文本样式和 CSS 背景样式。

任务工作单 5-1-2

组号： 姓名： 学号：

效果	CSS 文本样式或 CSS 背景样式
设置文字颜色为红色，不透明度为 0.5	
设置文本的字型为黑体、隶书	
设置文字大小为绝对尺寸中的最小	
设置字体加粗	
设置字体样式为斜体	
设置字符为小型大写字母	
设置文本 1.5 倍行高值	
使用字体复合属性设置文本为斜体、加粗、宋体，大小为 13 像素，行高为 20 像素	
设置文本居中对齐	
设置文本的首行缩进 2 个字符	
将每个单词的第一个字母转换成大写	
设置字符间距为 10 像素	
设置单词间距为 20 像素	
设置文本的顶端与行中最高元素的顶端对齐	
设置链接文本上显示红色波浪上划线	
为文本设置两重阴影	
设置段落的背景色为蓝色	
为表格设置背景图像	
为表格设置背景图像且背景图像不重复	
为表格设置背景图像且背景图像自动缩放直到适应且填充满整个表格	
为页面设置背景图像且背景图像相对于窗体固定	

续表

效果	CSS 文本样式或 CSS 背景样式
为页面设置背景图像且背景图像水平和垂直方向居中	
为表格设置背景图像且背景图像等比缩放到完全覆盖表格	
设置网页背景从黄色渐变至红色	
设置表格背景从白色到红色渐变，从 80% 开始	
设置表格背景按 45 度角由白色渐变到红色	
在页面中同时设置三个背景图像且背景图像不重叠	

（3）请同学们根据图 5-1-1 所示制作"大美湘西"网站首页，并将制作过程中出现的问题、产生原因和解决方案记录在任务工作单 5-1-3 中。

任务工作单 5-1-3

组号：　　　　　姓名：　　　　　学号：

问题	产生原因	解决方案

评价反馈

评价表

任务编号	5-1	任务名称		制作"大美湘西"网站首页			
组名		姓名		学号			

评价项目		个人自评	小组互评	教师评价
课程表现	学习态度（5分）			
	沟通合作（5分）			
	回答问题（5分）			
知识掌握	掌握CSS的使用方法及CSS选择器的使用（5分）			
	掌握CSS文本样式的设置（5分）			
	掌握CSS背景样式的设置（5分）			
任务达成	页面整体显示效果是否与效果图相符，共计10分，有如下4种分值： 1. 高度一致得10分 2. 比较一致得8分 3. 基本一致得6分 4. 完全不同得0分			
	页面导航区显示是否符合要求，评分点如下： 1. 背景颜色的设置是否正确（3分） 2. Logo的显示是否正确（3分） 3. 菜单项的显示是否正确（3分） 4. 菜单项的悬停效果是否正确（3分）			
	Banner区域的显示是否符合要求（3分）			
	页面主体区显示是否符合要求，评分点如下： 1. 湘西概况版块中视频、可滚动文字的显示是否符合要求，不符合处扣1分（10分） 2. 魅力湘西版块中图片与文字的显示是否符合要求，不符合处扣1分（10分） 3. 游客服务版块中图片与文字的显示是否符合要求，不符合处扣1分（10分）			
	页面底部版权区显示是否符合要求，评分点如下： 1. 内容少一项扣1分（3分） 2. 样式是否与效果图相符（2分）			
	代码编写是否符合网页开发规范，评分点如下： 1. 命名规范：能做到见名知意（4分） 2. 代码排版规范：缩进统一，方便阅读（2分） 3. 注释规范：通过注释能清楚地知道页面各功能区代码及其样式代码的位置（4分）			
得分				
经验总结反馈建议				

任务 2 美化"大美湘西"网站首页

在任务 1 中我们学习了 CSS 基础、CSS 文本样式和 CSS 背景，并制作出了"大美湘西"网站首页。本任务通过 CSS 制作动画来进一步美化"大美湘西"网站首页。大家可以通过检索关键词"CSS 2D 转换""CSS 3D 转换""CSS 过渡""CSS 动画"来触发本次学习任务。

任务 2 整体介绍

▶ 学习目标

知识目标

★ 掌握 CSS 2D 转换方法。

★ 掌握 CSS 3D 转换方法。

★ 掌握 CSS过渡效果的设置方法。

★ 掌握帧动画的设置方法。

能力目标

★ 能灵活运用 CSS 2D 转换方法实现网页中的特效。

★ 能灵活运用 CSS 3D 转换方法实现网页中的特效。

★ 能灵活运用 CSS过渡实现网页中的特效。

★ 能灵活运用帧动画实现网页中的特效。

思政目标

★ 培养学生一丝不苟的工作态度。

★ 培养学生精益求精的工匠精神。

★ 培养学生的团队精神和团队意识。

♀ 思维导图

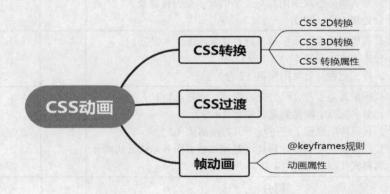

任务描述

请查看美化后的"大美湘西"网站首页效果,将网页中的动画位置及效果填入下表,并按效果使用 CSS 动画来对任务 1 中制作的"大美湘西"网站首页进行美化。

位 置	动画效果

任务要求

1. 请同学们课前查看美化后的"大美湘西"网站首页效果,找出网页中的动画并将动画的位置及效果填入表中。

2. 请同学们课中完成对知识链接部分的学习并完成任务工作单 5-2-1。

3. 请同学们按任务描述使用 CSS 动画来进一步美化"大美湘西"网站首页并完成任务工作单 5-2-2 至任务工作单 5-2-6。

4. 请同学们在完成美化"大美湘西"网站首页后填写评价表。

知识链接

1. CSS 2D 转换

CSS 中的 2D 转换用于在二维空间中执行如移动、旋转、缩放、扭曲等基本变换,这些变换操作借助 CSS 中的 transform 属性和下述转换方法实现。

(1) translate() 方法。translate() 方法用来根据指定的参数将元素沿水平(x 轴)或垂直(y 轴)方向移动。

基本语法:translate(x, y)

语法说明:参数 y 可以忽略(默认为 0),两个参数均可以为负值;如果只是将元素水平移动或者只是将元素垂直移动,也可以使用 translateX() 方法(将元素水平移动)或 translateY() 方法(将元素垂直移动),这两个方法均只需要提供一个参数即可。

示例代码:

```
transform: translate(100px, 10px);     // 表示将元素沿 x 轴移动 100px,沿 y 轴移动 10px
transform: translateX(100px);          // 等同于 translate(100px, 0px);
transform: translateY(10px);           // 等同于 translate(0px, 10px);
```

(2) rotate() 方法。rotate() 方法用来让元素按照给定的角度旋转。

基本语法：rotate(x)

语法说明：参数 x 表示元素要旋转的角度，若 x 为正值则表示顺时针旋转，若 x 为负值则表示逆时针旋转。

示例代码：transform: rotate(45deg); //表示将元素顺时针旋转 45°

（3）scale() 方法。scale() 方法用来对元素进行缩放。

基本语法：scale(x, y)

语法说明：参数 x 表示水平方向的缩放比例，参数 y 表示垂直方向的缩放比例，参数 y 可以省略，省略时默认等于 x；当 scale() 方法中给定的参数值大于 1 时，元素将被放大；当参数值在 0 和 1 之间时，元素将被缩小；与 translate() 方法类似，如果是仅在水平方向上或者仅在垂直方向上缩放元素大小，也可以使用 scaleX() 方法（在水平方向缩放元素）和 scaleY() 方法（在垂直方向缩放元素）。

示例代码：

```
transform: scale(0.7,2);        // 表示将元素宽度缩小至 0.7 倍，高度放大到 2 倍
transform: scaleX(0.5);         // 等同于 scale(0.5, 1);
transform: scaleY(0.5);         // 等同于 scale(1, 0.5);
```

（4）skew() 方法。skew() 方法用来将元素沿水平方向（x 轴）和垂直方向（y 轴）倾斜扭曲。

基本语法：skew(x, y)

语法说明：参数 x 表示元素水平方向的扭曲角度，参数 y 表示元素垂直方向的扭曲角度，参数 y 可以省略，若省略参数 y 则其默认值为 0；如果是仅在水平方向上或者仅在垂直方向上对元素进行扭曲，也可以使用 skewX() 方法（在水平方向扭曲元素）和 skewY() 方法（在垂直方向扭曲元素）来完成，skewX() 和 skewY() 方法仅需要提供一个参数即可。

示例代码：

```
transform: skew(-30deg,50deg); // 表示元素水平方向扭曲 -30°，垂直方向扭曲 50°
transform: skewX(20deg);        // 等同于 skew(20deg,0deg);
transform: skewY(20deg);        // 等同于 skew(0deg,20deg);
```

小提示：可以将转换方法组合在一起使用，此时转换方法出现的顺序会影响元素显示的效果。示例代码如下：

```
transform: skew(10deg, -20deg) translate(100px,200px) rotate(-30deg) scale(2);
transform: translate(100px,200px) rotate(-30deg) scale(2) skew(10deg, -20deg);
```

2. CSS 3D 转换

CSS3 允许使用 3D 转换来对元素进行格式化。在讲 3D 转换前我们先来了解一下三维坐标系。

x 轴：水平向右，右边是正值，左边是负值。

y 轴：垂直向下，下面是正值，上面是负值。

z 轴：垂直于屏幕，往外边的是正值，往里面的是负值。

通过 CSS transform 属性可以使用下述 3D 转换方法。

（1）rotateX() 方法。rotateX() 方法用于使元素绕 x 轴旋转给定角度。

基本语法：rotateX(a)

语法说明：a 表示绕 x 轴旋转的角度。

示例代码：

```
transform: rotateX(150deg);        // 表示将元素绕 x 轴旋转 150°
```

（2）rotateY() 方法。rotateY () 方法用于使元素绕 y 轴旋转给定角度。

基本语法：rotateY(a)

语法说明：a 表示绕 y 轴旋转的角度。

示例代码：

```
transform: rotateY(120deg);        // 表示将元素绕 y 轴旋转 120°
```

（3）rotateZ() 方法。rotateZ() 方法用于使元素绕 z 轴旋转给定角度。

基本语法：rotateZ(a)

语法说明：a 表示绕 z 轴旋转的角度。

示例代码：

```
transform: rotateZ(100deg);        // 表示将元素绕 z 轴旋转 100°
```

3. CSS 转换属性

（1）transform-origin 属性。transform-origin 属性表示在对元素进行变换时围绕哪个点进行变化。默认情况下，变换的原点为元素的中心点。

基本语法：transform-origin: x y z;

语法说明：x 定义视图被置于 x 轴的何处，可能的值为 left、center、right、长度值、百分比；y 定义视图被置于 y 轴的何处，可能的值为 top、center、bottom、长度值、百分比；z 定义视图被置于 z 轴的何处，取值为长度值。

【例 5-2-1】使用 transform-origin 属性实现图 5-2-1 所示的效果。

```html
<html>
<head>
  <meta charset="utf-8">
  <title></title>
  <style>
    .div1 {
      width: 200px;
      height: 200px;
      border: 1px solid black;
      margin: 120px;
    }
    .square {
      width: 200px;
      height: 200px;
      background: yellow;
      transform: rotate(45deg);
      transform-origin: top;
    }
  </style>
</head>
```

```
<body>
  <div class="div1">
    <div class="square"></div>
  </div>
</body>
</html>
```

图 5-2-1   transform-origin 属性效果

（2）transform-style 属性。默认情况下元素都是 2D 呈现的，transform-style 属性可以让元素呈现 3D 效果。

基本语法：transform-style: flat|preserve-3d;

语法说明：flat 设置子元素将不保留其 3D 位置，preserve-3d 设置子元素将保留其 3D 位置。

示例代码：transform-style:preserve-3d;

（3）perspective 属性。perspective 属性指定了观察者与 z=0 平面的距离，使具有 3D 位置变换的元素产生透视效果。z>0 的 3D 元素比正常大，而 z<0 时则比正常小，大小程度由该属性的值决定。

基本语法：perspective: number | none;

语法说明：number 用来设置元素距离视图的距离，以 px 为单位；none 为默认值，与 0 相同，为不设置透视。

【例 5-2-2】使用 perspective 属性实现图 5-2-2 所示的效果。

```
<html>
<head>
  <meta charset="utf-8">
  <title></title>
  <style>
    .div1 {
      width: 200px;
      height: 200px;
      border: 1px solid black;
      margin: 120px;
      transform-style: preserve-3d;
      perspective: 200px;
    }
    .square {
```

```
        width: 200px;
        height: 200px;
        background: yellow;
        transform: rotateY(45deg);
      }
    </style>
  </head>
  <body>
    <div class="div1">
      <div class="square"></div>
    </div>
  </body>
</html>
```

图 5-2-2　perspective 属性效果

（4）perspective-origin 属性。perspective-origin 定义了观察者的视角相对于显示元素的位置。利用 perspective-origin 属性可以模拟从不同位置来观察物体的效果。上面的例子中，我们并未指定 perspective-origin 属性，因而使用默认的 perspective-origin，即元素中心位置，所以每一个元素看起来都是对称的，仿佛我们正对着它们。

基本语法：perspective-origin: x y;

语法说明：x 定义该视图在 x 轴上的位置，默认值为 50%，可能的值为 left、center、right、长度值、百分比；y 定义该视图在 y 轴上的位置，默认值为 50%，可能的值为 top、center、bottom、长度值、百分比。

小提示：该属性必须与 perspective 属性一同使用，而且只影响 3D 转换元素。

【例 5-2-3】使用 perspective-origin 属性实现图 5-2-3 所示的效果。

```
<html>
<head>
  <meta charset="utf-8">
  <title></title>
  <style>
    .div1 {
      width: 200px;
      height: 200px;
      border: 1px solid black;
      margin: 120px;
```

```
            transform-style: preserve-3d;
            perspective: 200px;
            perspective-origin: left top;
        }
        .square {
            width: 200px;
            height: 200px;
            background: yellow;
            transform: rotateY(45deg);
        }
    </style>
</head>
<body>
    <div class="div1">
        <div class="square"></div>
    </div>
</body>
</html>
```

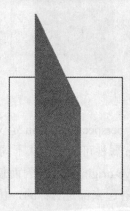

图 5-2-3   perspective-origin 属性效果

CSS 的 perspective-origin 属性定义了 3D 元素所基于的 X 轴和 Y 轴。该属性允许改变 3D 元素的底部位置。当为元素定义 perspective-origin 属性时，其子元素会获得透视效果，而不是元素本身。注意：要使这个 3D 透视效果产生作用，必须先定义 perspective-origin 属性，而且必须定义此元素的子元素的透视属性。本例的运行效果如图 5-2-3 所示。

（5）backface-visibility 属性。backface-visibility 属性定义当元素不面向屏幕时是否可见。

基本语法：backface-visibility: visible | hidden;

语法说明：visible 表示背面是可见的，hidden 表示背面是不可见的。

【例 5-2-4】使用 backface-visibility 属性实现图 5-2-4 所示的效果。

```
<html>
<head>
    <meta charset="utf-8">
    <title></title>
    <style>
        div {
            height: 100px;
            width: 100px;
            border: 1px solid #000;
            background-color: pink;
```

```
        transform: rotateY(180deg);
      }
      #div1 {backface-visibility: hidden;}
      #div2 {backface-visibility: visible;}
    </style>
  </head>
  <body>
    <div id="div1">DIV 1</div>
    <div id="div2">DIV 2</div>
  </body>
</html>
```

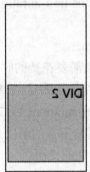

图 5-2-4　backface-visibility 属性效果

4. CSS 过渡

当 CSS 的属性值更改后，浏览器通常会立即更新相应的样式。例如，当鼠标指针悬停在元素上时，通过 :hover 选择器定义的样式会立即应用在该元素上。在 CSS3 中加入了一项过渡功能，通过该功能可以将元素从一种样式在指定时间内平滑过渡到另一种样式，类似于简单的动画，但无须借助 Flash 或 JavaScript。

CSS 中提供了 5 个有关过渡的属性，下面一一介绍这些属性的用法。

（1）transition-property 属性。transition-property 属性用来设置元素中参与过渡的属性名称。

基本语法：transition-property: none | all | property;

语法说明：参数 none 表示没有属性参与过渡效果，all 表示所有属性都参与过渡效果，property 定义应用过渡效果的 CSS 属性名称列表，多个属性名称之间使用逗号分隔。

【例 5-2-5】transition-property 属性的使用。

```
<html>
  <head>
    <meta charset="utf-8">
    <style>
      div {
        width: 100px;
        height: 100px;
        border: 1px solid red;
        transition-property: width, background;
```

```
        }
        div:hover {
            width: 200px;
            background-color: blue;
        }
    </style>
  </head>
  <body>
    <div></div>
  </body>
</html>
```

（2）transition-duration 属性。transition-duration 属性用来设置过渡需要花费的时间，单位为秒或毫秒。

基本语法：transition-duration: time;

语法说明：time 为完成过渡效果需要花费的时间，默认值为 0，不会有过渡效果；如果有多个参与过渡的属性，也可以依次为这些属性设置过渡需要的时间，多个属性之间使用逗号进行分隔，如 transition-duration: 1s, 2s, 3s;；除此之外，也可以使用一个时间来为所有参与过渡的属性设置过渡所需的时间。

【例 5-2-6】transition-duration 属性的使用。

```
<html>
  <head>
    <meta charset="utf-8">
    <style>
      div {
          width: 100px;
          height: 100px;
          border: 1px solid red;
          transition-property: width, background;
          transition-duration: 1.5s, 2s;
      }

      div:hover {
          width: 200px;
          background-color: blue;
      }
    </style>
  </head>
  <body>
    <div></div>
  </body>
</html>
```

（3）transition-timing-function 属性。transition-timing-function 属性用来设置过渡动画的类型。

基本语法：transition-timing-function:linear|ease|ease-in|ease-out| ease-in-out;

语法说明：linear 以始终相同的速度完成整个过渡过程；ease 以慢速开始，然后变快，然后以慢速结束整个过渡过程；ease-in 以慢速开始过渡的过程；ease-out 以慢速结束过渡的过程；ease-in-out 以慢速开始，并以慢速结束整个过渡过程。

【例 5-2-7】transition-timing-function 属性的使用。

```html
<html>
  <head>
    <meta charset="utf-8">
    <style>
      div {
        width: 100px;
        height: 100px;
        border: 1px solid red;
        transition-property: width, background;
        transition-duration: 1.5s, 2s;
        transition-timing-function: ease;
      }
      div:hover {
        width: 200px;
        background-color: blue;
      }
    </style>
  </head>
  <body>
    <div></div>
  </body>
</html>
```

（4）transition-delay 属性。transition-delay 属性用来设置过渡效果何时开始。

基本语法：transition-delay:time;

语法说明：time 用来设置在过渡效果开始之前需要等待的时间，单位为秒或毫秒。

【例 5-2-8】transition-delay 属性的使用。

```html
<html>
  <head>
    <meta charset="utf-8">
    <style>
      div {
        width: 100px;
        height: 100px;
        border: 1px solid red;
        transition-property: width, background;
        transition-duration: 1.5s, 2s;
        transition-timing-function: ease;
        transition-delay: 3s;
      }
      div:hover {
        width: 200px;
```

```
        background-color: blue;
      }
    </style>
  </head>
  <body>
    <div></div>
  </body>
</html>
```

（5）transition 属性。transition 属性是上面 4 个属性的简写形式，通过该属性可以同时设置上面的 4 个属性。

基本语法：transition:transition-property transition-duration transition-timing-function transition-delay;

语法说明：在 transition 属性中，transition-property 和 transition-duration 为必填参数，transition-timing-function 和 transition-delay 为选填参数，如非必要可以省略不写；另外，通过 transition 属性也可以设置多组过渡效果，每组之间使用逗号进行分隔。

【例 5-2-9】transition 属性的使用。

```
<html>
  <head>
    <meta charset="utf-8">
    <style>
      div {
        width: 100px;
        height: 100px;
        border: 3px solid black;
        margin: 10px 0px 0px 10px;
        transition: width 2s linear 1.9s, background 1s 2s, transform 2s;
      }
      div:hover {
        width: 200px;
        background-color: blue;
        ransform: rotate(180deg);
      }
    </style>
  </head>
  <body>
    <div></div>
  </body>
</html>
```

5. 帧动画

通过对 CSS 过渡的学习，我们知道利用 transition 属性可以实现简单的过渡动画，但这种过渡动画仅能指定开始和结束两个状态，整个过程都是由特定的函数来控制的，不是很灵活。下面介绍一种更为复杂的动画 ——帧动画。

CSS 中的帧动画类似于 Flash 中的逐帧动画，表现细腻，并且非常灵活，使用 CSS 中的动画可以取代许多网页中的动态图像、Flash 动画或者 JavaScript 实现的特殊效果。

（1）@keyframes 规则。要创建帧动画，需要先了解 @keyframes 规则，@keyframes 规则用来定义动画各个阶段的属性值，类似于 Flash 动画中的关键帧。

其基本语法有两种格式，格式一如下：

```
@keyframes animationName {
    from { 属性 : 值 ; }
    percentage { 属性 : 值 ; }
    to { 属性 : 值 ; }
}
```

格式二如下：

```
@keyframes animationName {
    0% { 属性 : 值 ; }
    percentage { 属性 : 值 ; }
    100% { 属性 : 值 ; }
}
```

语法说明：animationName 定义帧动画的名称；from 定义帧动画的开头，相当于 0%；percentage 定义帧动画的各个阶段，为百分比值，可以添加多个；to 定义帧动画的结尾，相当于 100%。

示例代码：

```
@keyframes circle{
    0% { background:red;width:50px;height:50px; border-radius: 50px; }
    25% { background:yellow;width:80px;height:80px; border-radius: 80px; }
    50% { background:blue;width:110px;height:110px; border-radius: 110px;}
    75% { background:green;width:140px;height:140px; border-radius: 140px; }
    100% { background:pink;width:170px;height:170px; border-radius: 170px;}
}
```

（2）动画属性。帧动画创建好后，还需要将帧动画应用到指定的 HTML 元素。要将帧动画应用到指定的 HTML 元素需要借助 CSS 属性。

1）animation-name 属性。animation-name 属性用来将帧动画绑定到指定的 HTML 元素。

基本语法：animation-name: keyframename;

语法说明：keyframename 为要绑定到 HTML 元素的动画名称，可以同时绑定多个动画，动画名称之间使用逗号进行分隔。

示例代码：animation-name:dh1;

2）animation-duration 属性。animation-duration 属性定义完成动画所需要花费的时间。如果未指定该属性，则动画不会发生，因为默认值是 0 秒。

基本语法：animation-duration: time;

语法说明：time 为完成动画所需要花费的时间，单位为秒。

示例代码：

```
div {
```

```
        width: 50px;
        height: 50px;
        border-radius: 50px;
        border: 3px solid red;
        animation-name: circle;
        animation-duration: 4s;
    }
```

3）animation-timing-function 属性。animation-timing-function 属性用来设置动画的速度曲线，默认为 ease。

基本语法：animation-timing-function: linear | ease | ease-in | ease-out | ease-in-out

语法说明：linear 设置动画从头到尾的速度是相同的；ease 为默认值，设置动画以低速开始，然后加快，在结束前变慢；ease-in 设置动画以低速开始；ease-out 设置动画以低速结束；ease-in-out 设置动画以低速开始和结束。

示例代码：animation-timing-function:linear;

4）animation-fill-mode 属性。animation-fill-mode 属性用来设置当动画不播放时（动画播放完或延迟播放时）的状态。

基本语法：animation-fill-mode: none | forwards | backwards | both;

语法说明：none 表示不改变默认行为；forwards 表示当动画完成后保持最后一个属性值（在最后一个关键帧中定义）；backwards 表示在 animation-delay 所指定的一段时间内，在动画显示之前，应用开始属性值（在第一个关键帧中定义）；both 表示向前和向后填充模式都被应用。

示例代码：animation-fill-mode:forwards;

5）animation-delay 属性。animation-delay 属性用来定义动画什么时候开始。

基本语法：animation-delay:time;

语法说明：time 的单位可以是秒或毫秒，默认值为 0，time 允许负值，如 -2s 使动画马上开始，跳过 2 秒进入动画。

示例代码：animation-delay:2s;

6）animation-iteration-count 属性。animation-iteration-count 属性用来设置动画播放的次数，默认值为 1。

基本语法：animation-iteration-count:value;

语法说明：value 是一个数字，表示动画播放的次数，value 为 infinite 表示动画循环播放。

示例代码：animation-iteration-count:infinite;

7）animation-direction 属性。animation-direction 属性用来定义是否循环交替反向播放动画。

基本语法：animation-direction: normal | reverse | alternate | alternate-reverse;

语法说明：normal 为默认值，动画按正常播放；reverse 设置动画反向播放；alternate 设置动画在奇数次正向播放，在偶数次反向播放；alternate-reverse 设置动画在奇数次反向播放，在偶数次正向播放。

示例代码：animation-direction: reverse;

8）animation-play-state 属性。animation-play-state 属性用来指定动画是否正在运行或已暂停。

基本语法：animation-play-state: paused | running;

语法说明：paused 指定暂停动画，running 指定正在运行的动画。

示例代码：animation-play-state: paused;

9）animation 属性。animation 属性是一个简写属性，用于设置 6 个动画属性。

基本语法：animation: name duration timing-function delay iteration-count direction;

语法说明：animation-name 规定需要绑定到选择器的 keyframe 名称；animation-duration 规定完成动画所花费的时间，单为秒或毫秒；animation-timing-function 规定动画的速度曲线；animation-delay 规定在动画开始之前的延迟；animation-iteration-count 规定动画应该播放的次数；animation-direction 规定是否应该轮流反向播放动画；animation-fill-mode 规定动画在执行时间之外应用的值；animation-play-state 规定动画是正在运行还是暂停。

示例代码：animation:ball 3s linear infinite;

 任务实施

（1）通过对知识链接部分的学习，请同学们对照任务工作单 5-2-1 中要求的效果写出对应的 CSS 样式。

任务工作单 5-2-1

组号： 姓名： 学号：

序号	效果	CSS 样式
1	元素沿 x 轴移动 300px，沿 y 轴移动 200px	
2	元素垂直移动 50px	
3	元素逆时针旋转 60°	
4	宽度放大至 2 倍，缩小至 0.5 倍	
5	元素高度放大至 3 倍	
6	元素水平方向扭曲 60°，垂直方向扭曲 -30°	
7	元素垂直方向扭曲 50°	
8	同时将元素水平移动 100px、高度放大至 2 倍、顺时针旋转 90°	
9	使用 transform-origin 属性设置元素围绕 bottom 点顺时针旋转 45°	
10	设置元素围绕 y 轴旋转 45°，使用 perspective 属性使元素具有三维位置变换产生的透视效果	

续表

序号	效果	CSS 样式
11	设置元素围绕 y 轴旋转 45°，使用 perspective-origin 属性模拟从 left、top 位置来观察物体的效果	
12	对宽度为 50px、高度为 50px 的正方形设置过渡效果：高度以慢速开始，然后变快，然后慢速结束的顺序过渡到 150px，时间为 2 秒；背景颜色以始终相同的速度过渡到红色，时间为 2 秒	
13	对宽度为 50px、高度为 50px、背景颜色为红色的正方形设置动画效果：0% 时元素保持原有状态；35% 时元素宽度为 100px、背景颜色为蓝色；75% 时元素宽度为 150px、背景颜色为绿色；100% 时元素宽度为 200px、背景颜色为黄色；在动画开始之前延迟 3 秒以匀速播放，整个动画播放时间为 4 秒，共播放 3 次	

（2）根据任务描述中美化后的效果制作"大美湘西"网站首页中导航栏的下拉菜单，并把调试好的关键代码填入任务工作单 5-2-2。

任务工作单 5-2-2

组号：　　　　　　姓名：　　　　　　学号：

（3）根据任务描述中美化后的效果制作"大美湘西"网站首页中的轮播图，并把调试好的关键代码填入任务工作单 5-2-3。

任务工作单 5-2-3

组号：　　　　　　姓名：　　　　　　学号：

（4）根据任务描述中美化后的效果制作"大美湘西"网站首页"魅力湘西"版块中鼠标指针经过图片时图片放大的动画，并把调试好的关键代码填入任务工作单 5-2-4。

任务工作单 5-2-4

组号：　　　　　　　　姓名：　　　　　　　　学号：

（5）根据任务描述中美化后的效果制作"大美湘西"网站首页"魅力湘西"版块中"更多"两字动态颜色的变化，并把调试好的关键代码填入任务工作单 5-2-5。

任务工作单 5-2-5

组号：　　　　　　　　姓名：　　　　　　　　学号：

（6）根据任务描述中美化后的效果制作"大美湘西"网站首页"游客服务"版块中图片旋转动画，并把调试好的关键代码填入任务工作单 5-2-6。

任务工作单 5-2-6

组号：　　　　　　　　姓名：　　　　　　　　学号：

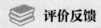 **评价反馈**

评价表

任务编号	5-2	任务名称		美化"大美湘西"网站首页		
组名		姓名		学号		
评价项目				个人自评	小组互评	教师评价
课程表现	学习态度（5分）					
	沟通合作（5分）					
	回答问题（5分）					
知识掌握	掌握 CSS 2D、CSS 3D 转换方法的使用（5分）					
	掌握 CSS 过渡属性的使用（5分）					
	掌握帧动画的使用（5分）					
任务达成	导航栏下拉菜单的显示是否符合要求（15分）					
	轮播图的显示是否符合要求（15分）					
	页面中"魅力湘西"版块鼠标指针经过图片时图片放大效果的显示是否符合要求（10分）					
	页面中"魅力湘西"版块链接"更多"的颜色变化是否符合要求（10分）					
	页面中"游客服务"版块中图片旋转的显示是否符合要求（10分）					
	代码编写是否符合网页开发规范，评分点如下： 1. 命名规范：能做到见名知意（4分） 2. 代码排版规范：缩进统一，方便阅读（2分） 3. 注释规范：通过注释能清楚地知道页面各功能区代码及其样式代码的位置（4分）					
得分						
经验总结反馈建议						

任务 3 设计并制作"我的家乡"网站首页

通过任务 1 和任务 2，我们学习了 CSS 基础与 CSS 进阶知识，并按效果图制作出了"大美湘西"网站首页，然后通过 CSS 动画对页面进行了美化。本任务将设计并制作"我的家乡"网站首页。下面请大家以你的家乡名称为关键词进行搜索，触发本次学习任务。

▶ 学习目标

任务 3 整体介绍

知识目标
★ 掌握 CSS 多列布局。

★ 掌握网页页面的布局设计方法。

★ 掌握创建页面布局样式和美化网页元素样式的方法。

能力目标
★ 具备一定的信息检索能力。

★ 具备一定的素材处理能力。

★ 具备一定的审美能力，能制作配色合理、布局均衡、内容健康、创意新颖的网页。

思政目标
★ 培养学生一丝不苟的工作态度。

★ 培养学生精益求精的工匠精神。

★ 继承弘扬优秀传统文化，培养学生爱祖国、爱家乡的情怀。

♀ 思维导图

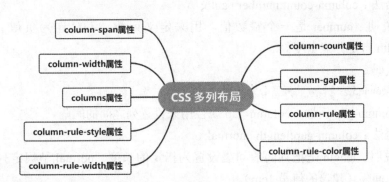

📖 任务描述

以"我的家乡"为主题创建网站首页，网页必须使用 <div> 元素和 CSS 进行布局，并且要求创建一个外部样式文件，在网页中链接所创建的外部样式文件。网页所需素材可通过百度等网站搜索。

任务要求

1. 请同学们课前收集整理自己家乡的素材并完成任务工作单 5-3-1。
2. 请同学们课中完成对知识链接部分的学习并完成任务工作单 5-3-2。
3. 请同学们按任务描述设计制作出"我的家乡"网站首页并完成任务工作单 5-3-3。
4. 请同学们在完成制作与美化"我的家乡"网站首页后填写评价表。

知识链接

当需要在页面中展示大量文本时，可以使用 CSS3 中引入的多列布局将文本内容分成多块，然后让这些块并列显示，类似于报纸、杂志的排版形式。

CSS3 中提供了一系列实现多列布局的属性，如表 5-3-1 所示。

表 5-3-1 实现多列布局的属性

属性	说明
column-count	指定元素应该分为几列
column-gap	指定列与列之间的间隙
column-rule	所有 column-rule- 属性的简写形式
column-rule-color	指定列与列之间边框的颜色
column-rule-style	指定列与列之间边框的样式
column-rule-width	指定列与列之间边框的宽度
column-span	指定元素应该横跨多少列
column-width	指定列的宽度
columns	column-width 与 column-count 属性的简写属性

（1）column-count 属性。column-count 属性用来设置将元素分为几列。

基本语法：column-count:number | auto;

语法说明：number 是一个整数值，用来定义列数，不允许为负值；auto 根据 column-width 自定分配宽度。

示例代码：

```
column-count:5;        // 将元素分为 5 列
```

（2）column-gap 属性。column-gap 属性用来设置列之间的间隔。

基本语法：column-gap:length | normal;

语法说明：length 是把列间的间隔设置为指定的长度，normal 是规定列间间隔为一个常规的间隔（建议的值是 1em）。

示例代码：

```
column-gap:40px;       // 将列间的间隔设置为 40px
```

（3）column-rule-style 属性。column-rule-style 属性用来指定列与列之间边框的样式。

基本语法：column-rule-style: none|hidden|dotted|dashed|solid|double|groove|ridge|inset| outset;

语法说明：none 是设置列与列之间无边框，hidden 是隐藏列与列之间的边框。

示例代码：

```
column-rule-style:dotted;          // 在列与列之间设置点状边框
```

（4）column-rule-width 属性。column-rule-width 属性用来指定列与列之间边框的宽度。

基本语法：column-rule-width: thin | medium | thick | length;

语法说明：thin 指定列与列之间边框的宽度为纤细，medium 指定列与列之间边框的宽度为中等，thick 指定列与列之间边框的宽度为粗，length 用长度值指定列与列之间的边框宽度。

示例代码：

```
column-rule-width:thick;          // 将列与列之间边框的宽度设置为粗
```

（5）column-rule-color 属性。column-rule-color 属性用来指定列与列之间边框的颜色。

基本语法：column-rule-color: 颜色值；

语法说明：CSS 的颜色值可以为十六进制颜色、RGB 颜色、RGBA 颜色、HSL 色彩、HSLA 颜色。

示例代码：

```
column-rule-color:blue;
```

（6）column-rule 属性。column-rule 属性为所有 column-rule- 属性的简写形式。

基本语法：column-rule:column-rule-width column-rule-style column-rule-color;

语法说明：column-rule-width 用来设置列之间的宽度，column-rule-style 用来设置列之间的样式，column-rule-color 用来设置列之间边框的颜色。

示例代码：

```
column-rule:1px solid blue;
```

（7）column-span 属性。column-span 属性用来指定元素应该横跨多少列。

基本语法：column-span: none|all;

语法说明：none 指定元素只在本栏中显示，all 指定元素横跨所有列。

【例 5-3-1】column-span 属性的使用。

```
<html>
  <head>
    <style>
      div {
        column-count: 5;
        column-gap: 40px;
        column-rule: 1px dashed blue;
      }
      h2 {
        column-span: all;
        /* 将元素横跨所有列 */
        text-align: center;
      }
    </style>
```

```
      </head>
      <body>
        <div>
          <h2>高考，我能为你们做点什么呢？</h2>
          <p>就要奔赴高考战场了，我一直在想作为心理老师能为你们做点什么呢？</p>
        </div>
      </body>
</html>
```

（8）columns 属性。columns 是 column-width 与 column-count 的简写属性。

基本语法：columns：column-width column-count；

语法说明：column-width 用来为列指定建议的最佳宽度，column-count 用来指定元素应被划分的列数。

示例代码：

```
columns:150px 7;
```

 任务实施

（1）请同学们课前收集整理好制作"我的家乡"网站首页的素材，并在任务工作单 5-3-1 中绘制出"我的家乡"网站首页的布局结构。

任务工作单 5-3-1

组号： 姓名： 学号：

（2）通过对知识链接部分的学习，请同学们对照任务工作单 5-3-2 中要求的效果写出相应的 CSS 样式。

任务工作单 5-3-2

组号：　　　　　　　姓名：　　　　　　　　学号：

序号	效果	CSS 样式
1	将段落元素分为 3 列显示，列之间的间隔为 60px	
2	将段落元素分为 4 列显示，列之间显示 1px 蓝色虚线	
3	将元素分为 5 列显示，并设置元素中的标题横跨所有列且居中显示	

（3）请同学们设计制作出"我的家乡"网站首页，并将制作过程中出现的问题、产生原因和解决方案记录在任务工作单 5-3-3 中。

任务工作单 5-3-3

组号：　　　　　　　姓名：　　　　　　　　学号：

问题	产生原因	解决方案

📚 评价反馈

评价表

任务编号	5-3	任务名称		设计并制作"我的家乡"网站首页			
组名		姓名		学号			
评价项目					个人自评	小组互评	教师评价
课程表现	学习态度（5 分）						
	沟通合作（5 分）						
	回答问题（5 分）						
知识掌握	掌握 CSS 多列布局的使用（5 分）						
	能熟练使用 HTML 定义网页的结构（5 分）						
	能熟练使用 CSS 创建页面布局样式和美化网页元素的样式（5 分）						
任务达成	页面布局结构是否合理（15 分）						
	网页的主要元素是否具备（10 分，少一处扣 2 分）						
	网页的色彩搭配是否美观、合理（10 分）						
	网页的内容是否饱满且健康（15 分）						
	网页是否新颖且具有创意，共计 10 分，有如下 4 种分值： 1. 非常新颖且有创意得 10 分 2. 比较新颖且有创意得 8 分 3. 50% 以上与课堂案例雷同，没有创新得 6 分 4. 90% 以上与课堂案例雷同，没有创新得 3 分						
	代码编写是否符合网页开发规范，评分点如下： 1. 命名规范：能做到见名知意（4 分） 2. 代码排版规范：缩进统一，方便阅读（2 分） 3. 注释规范：通过注释能清楚地知道页面各功能区代码及其样式代码的位置（4 分）						
得分							
经验总结反馈建议							

项目 **6**

布局和定位应用

任务1　制作"大美湘西"人文页面

要使在网页上展示的内容合理、布局好看，那就少不了 CSS 定位与布局的应用。本任务将学习 <div> 元素、HTML5 结构元素、布局的原理、布局的方法、布局的应用技巧，重点介绍浮动布局以及清除浮动对布局的影响。

▶ 学习目标

任务1整体介绍

知识目标

★ 掌握常用的页面布局结构。

★ 掌握常用的布局方式。

★ 掌握 float、clear 属性的用法。

★ 掌握浮动布局的原理和布局方法。

能力目标

★ 能根据网站类型正确布局页面结构。

★ 能正确选择合适的布局方式。

★ 能使用 float 属性进行浮动布局。

★ 能使用 clear 属性清除浮动对布局的影响。

★ 能综合运用布局方法完成"大美湘西"人文页面的制作。

思政目标

★ 培养学生一丝不苟的态度和精益求精的工匠精神。

★ 培养学生的环保意识和生态文明建设意识。

★ 培养学生的爱国情怀。

★ 培养学生的全局观念和大局意识。

◊ 思维导图

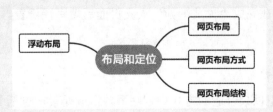

📖 任务描述

按照图 6-1-1 所示的效果完成"大美湘西"人文页面的制作。

制作"走进湘西"页面

图 6-1-1　"大美湘西"人文页面效果

👉 任务要求

1．请同学们课前预习网页布局的相关知识并完成任务工作单 6-1-1。

2．请同学们课中完成对知识链接部分的学习并完成任务工作单 6-1-2。

3．请同学们按任务描述完成图 6-1-1 所示"大美湘西"人文页面的制作，并将制作过程中出现的问题、产生原因和解决方案记录在任务工作单 6-1-3 中。

4．请同学们在完成"大美湘西"人文页面后填写评价表。

🔍 知识链接

1．什么是网页布局

网页布局是指以最合适的方式规划网页各组成元素（包括 Logo、导航栏、Banner、图片和文字等）在页面中的位置。在设计网页前应根据网站的类型、内容和风格规划好网页布局。

一个网页一般分为以下几个部分：头部区域、菜单导航区域、内容区域、底部区域。

头部区域位于整个网页的顶部，一般用于设置网页的标题或网页的 Logo。菜单导航区域包含了一些链接，可以引导用户浏览其他页面。底部区域在网页的最下方，一般包含版权信息和联系方式等。

网页布局对改善网站的外观非常重要，大多数网站会把内容安排到多个列中，就像杂志或报纸那样。网页布局的设计延续了传统纸媒的特点，但又比传统纸媒灵活。传统纸媒因纸张大小的限制，只能在有限的空间内排列内容，而网页版面的布局可以根据内容自适应宽度和高度。

在 HTML5 中，常使用 <div> 元素来创建多列，使用 CSS 对元素进行浮动、定位等，从而将网页设计稿中的布局样式呈现在网页上。

2. 网页布局结构

传统的网页布局结构分为一列布局、二列布局、三列布局和混合布局，其中使用最多的是混合布局，如图 6-1-2 和图 6-1-3 所示。

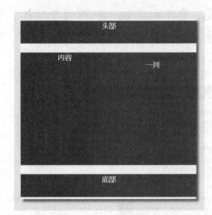
（a）一列布局

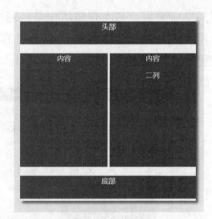
（b）二列布局

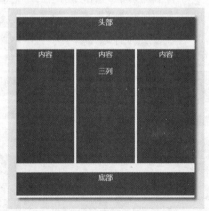
（c）三列布局

图 6-1-2　多列布局结构

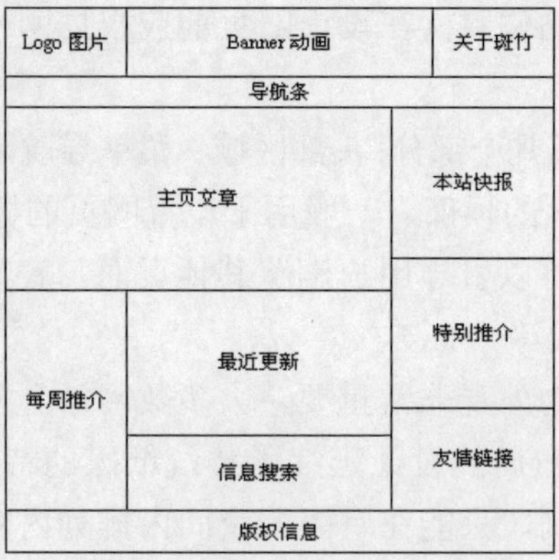
Logo 图片
Banner 动画
关于斑竹
导航条
主页文章
本站快报
最近更新
特别推介
每周推介
友情链接
信息搜索
版权信息

图 6-1-3　混合布局结构

随着 HTML5 和 CSS3 新技术的出现，以及移动设备的飞速发展，互联网发生了翻天覆地的变化，布局已不必再拘泥于固定格式。近些年网页布局结构的趋势都是非常规布局，它们并不严格遵循某种准则或既定体系，不局限于传统的布局方式。下面就来介绍几种常见的布局结构。

（1）“国”字型布局结构。“国”字型网页布局通常被门户、购物类等内容丰富的大型网站所采用，基本布局结构是将网站的 Logo、导航栏及 Banner 等置于顶部；下方安排网页的主体内容，主体内容的左右两侧分别是导航菜单、广告或其他栏目；最后由页尾形成外框底部，将主体内容包围，如图 6-1-4 所示。

图 6-1-4　“国”字型布局结构

（2）拐角型布局结构。拐角型结构与"国"字型结构类似，网页顶部是网站的 Logo、导航栏和 Banner（Banner 也可位于内容区），不同的是拐角型结构的页面左侧或右侧是纵向导航菜单，对侧为网页主体内容，即通过横向导航栏与纵向的导航菜单形成拐角，包围网页主体内容，如图 6-1-5 所示。拐角型结构同样适合购物类、门户类等网站使用。

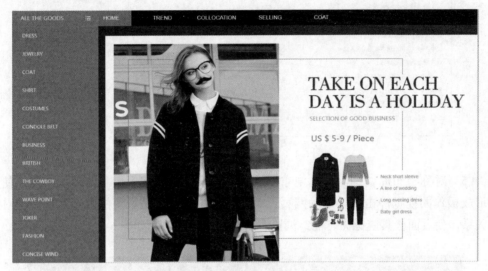

图 6-1-5　拐角型布局结构

（3）POP 型布局结构。POP 引自广告术语，是指页面像一张宣传海报，以一张精美图片作为页面的设计中心。POP 型布局结构的网页常用于时尚类网站首页，优点是页面优美、具有视觉冲击力，缺点是网页打开速度慢，如图 6-1-6 所示。

图 6-1-6　POP 型布局结构

（4）标题文本型布局结构。标题文本型布局结构是指页面内容以文本为主。这种类型的网页顶部通常是标题，下面是正文，常用于注册、登录、评论或文章阅读等信息简洁的页面，如图 6-1-7 所示。

图 6-1-7　标题文本型布局结构

（5）对称型布局结构。对称型布局结构是指采取左右或者上下对称的结构，使页面形成极佳的视觉冲击感。这种网页无论是图像的内容还是版块的大小都保持着对称的关系，使页面极具震撼力，能给浏览者留下深刻的印象，如图 6-1-8 所示。

图 6-1-8　对称型布局结构

（6）全景型布局结构。全景型布局是目前十分流行的网页布局结构，是指使用全景图像或动画作为网站首页，如图 6-1-9 所示。该类型的网页高度通常只有一屏大小，浏览者可通过导航切换到其他页面。采用全景型布局结构的网页不仅时尚大方，而且有很强的视觉冲击力，多用于企业形象宣传页面。

（7）组合型布局结构。组合型布局结构多用于摄影网站或需要大量图片说明的网站，是指将等大或大小不一的多张图片组合、排列在网页中，如图 6-1-10 所示。需要注意的是，在选取图片时应事先统一图片的明度，让组合起来的图片具有整体感，否则密密麻麻拼在一起的图片会让人眼花缭乱。

图 6-1-9 全景型布局结构

图 6-1-10 组合型布局结构

（8）分割型布局结构。分割型布局结构是当今网页布局的一种流行趋势，常见的分割布局结构有斜线分割、块面分割、主题分割、等距分割等。使用分割布局的网页主次分明，形式感极强，能够将内容的重要性和层次性体现在网页的结构上，从而引导浏览者按顺序进行阅读，如图 6-1-11 所示。

（9）扁平化布局结构。扁平化是目前流行的网页结构设计趋势之一，特点是去掉页面中多余的透视、纹理、渐变、3D 效果等元素，让"信息"重新作为网页的核心被凸显出来；同时在设计元素上强调极简化和符号化，让页面中的内容更容易被聚焦，从而带给用户更直观的浏览体验，如图 6-1-12 所示。

图 6-1-11　分割型布局结构

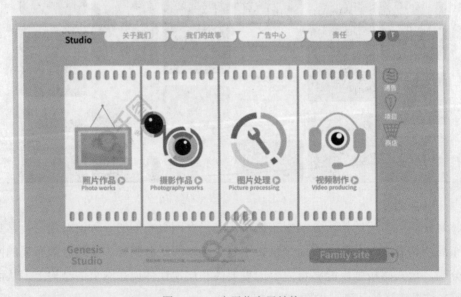

图 6-1-12　扁平化布局结构

3．网页布局方式

网页的骨架已经设计好了，接下来就是对网页整体的一个把握，让网页更能适应浏览器，给浏览者带来更好的体验。下面就来介绍几种常见的布局方式。

（1）静态布局（Static Layout）方式。即传统 Web 设计，网页上所有元素的尺寸一律用 px（像素）作为单位。

布局特点：不管浏览器的尺寸具体是多少，网页布局始终按照最初写代码时的布局来显示。

常规 PC 的网站都是静态（定宽度）布局的，也就是设置了 min-width，这样如果小于这个宽度就会出现滚动条，如果大于这个宽度则内容居中外加背景，这种设计常见于 PC 端。

缺点：显而易见，这种布局方式不能根据用户的屏幕尺寸做出不同的表现。

固定像素尺寸的网页是匹配固定像素尺寸显示器的最简单的方法，但这种方法不是一种完全兼容未来网页的制作方法，我们需要一些适应未知设备的方法。

（2）流式布局（Liquid Layout）方式。流式布局（Liquid）的特点是页面元素的宽度按照屏幕分辨率进行适配调整，但整体布局不变，如图 6-1-13 所示。

图 6-1-13　流式布局方式

网页中主要划分区域的尺寸使用百分数（搭配 min-*、max-* 属性使用），例如设置网页主体的宽度为 80%，min-width 为 960px；图片也作类似处理（width：100%，max-width 一般设定为图片本身的尺寸，防止被拉伸而失真）。

布局特点：屏幕分辨率变化时页面中元素的大小会变化但布局不变。

但缺点明显：主要的问题是如果屏幕尺度跨度太大，那么在相对其原始设计而言过小或过大的屏幕上就不能正常显示。

因为宽度使用百分比定义，但是高度和文字大小等大都是用 px 来固定，所以在大屏幕手机上的显示效果会变成有些页面元素宽度被拉得很大，但是高度、文字大小还是和原来一样（即这些东西无法变得"流式"），显示非常不协调。

（3）自适应布局（Adaptive Layout）方式。自适应布局的特点是分别为不同的屏幕分辨率定义布局，即创建多个静态布局，每个静态布局对应一个屏幕分辨率范围，如图 6-1-14 所示。

改变屏幕分辨率可以切换不同的静态局部（页面元素位置发生改变），但在每个静态布局中页面元素不随窗口大小的调整发生变化。可以把自适应布局看作是静态布局的一个系列。

布局特点：屏幕分辨率变化时页面中元素的位置会变化而大小不会变化。

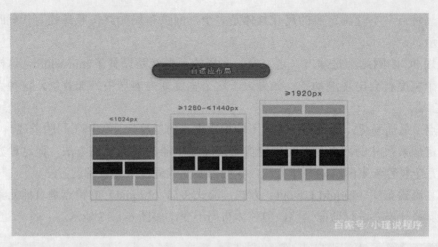

图 6-1-14　自适应布局方式

（4）响应式布局（Responsive Layout）方式。响应式设计的目标是确保一个页面在所有终端上（各种尺寸的 PC、手机、手表等）都能显示出令人满意的效果，如图 6-1-15 所示。

图 6-1-15　响应式布局方式

在实现上通常是糅合了流式布局和弹性布局，再搭配媒体查询技术使用，同时，在每个布局中应用流式布局的理念，即页面元素宽度随着窗口调整而自动适配，也就是创建多个流式布局，分别对应一个屏幕分辨率范围。

可以把响应式布局方式看作是流式布局和自适应布局设计理念的融合。

布局特点：每个屏幕分辨率下面会有一个布局样式，即元素位置和大小都会变。

优点：适应 PC 和移动端，如果足够耐心，效果完美。

缺点：媒体查询是有限的，也就是可以枚举出来的，只能适应主流的宽高；要匹配足够多的屏幕大小，工作量不小，设计也需要多个版本。

（5）弹性布局（rem/em 布局）方式。使用 em 或 rem 单位进行相对布局，相对百分比更加灵活，同时可以支持浏览器的字体大小调整和缩放等的正常显示，但由于 em 是相对父级元素的原因所以没有得到推广，如图 6-1-16 所示。

图 6-1-16　弹性布局方式

布局特点：包裹文字的各元素的尺寸采用 em/rem 作单位，而页面的主要划分区域的尺寸仍使用百分比或 px 作单位。

早期浏览器不支持整个页面按比例缩放，仅支持网页内文字尺寸的放大，这种情况下使用 em/rem 作单位可以使包裹文字的元素随着文字的缩放而缩放。

在移动端使用弹性布局是比较勉强的，移动端弹性布局流行起来的原因归根结底是 rem 单位在（根据屏幕尺寸）调整页面各元素的尺寸、文字大小时比较好用。

其实，使用 vw、vh 等后起之秀的单位后就可以实现完美的流式布局了（高度和文字大小都可以变得"流式"）。

结论：

1）如果只做 PC 端，那么静态布局（定宽度）是最好的选择。

2）如果做移动端，且设计对高度和元素间距要求不高，那么弹性布局（rem+js）是最好的选择。

3）如果 PC 和移动端要兼容，而且要求很高，那么响应式布局还是最好的选择，前提是根据不同的高宽做不同的设计，响应式布局根据媒体查询做不同的布局。

4. 浮动布局

CSS 将所有的元素都当成盒子，CSS 布局其实就是如何堆放盒子。在讲解浮动布局之前，我们需要了解标准流的概念，也就是所有的盒子会按照添加的顺序从上往下排列显示。

块级元素独占一行，行内元素、行内块元素共享一行。这种标准流的布局方式中块级元素很难被有效利用起来，因为其独占一行的特性，所以其只能进行垂直方向的布局。

行内元素、行内块元素可以进行水平方向布局，但是它们的内容大部分只能是文本，少量的如 td 中支持放入其他行内块元素。行内元素、行内块元素之间水平方向会因为空格、换行而产生间隙，行内块元素垂直方向默认底部对齐。

标准流的布局短板在于其水平方向上的布局只能使用行内元素、行内块元素，而行内元素、行内块元素由于各种问题并不适合用于布局，只适合用作内容，而块级元素并不存在行内元素和行内块元素的这些问题，所以如果块级元素也能用于水平方向布局，那么就完美了。

为了解决标准流中块级元素不能在水平方向布局的问题，即多个块级元素不能共享一行的问题，CSS 提出了浮动的概念。

（1）float 属性。

语法：选择器 {float: 属性值 ;}

示例：div{float:left;}

float 属性用于定义元素浮动的方向。以往这个属性总应用于图像，使文本围绕在图像周围，不过在 CSS 中任何元素都可以浮动。浮动元素会生成一个块级框，而不论它本身是行内元素还是块元素。float 属性的值及其意义如表 6-1-1 所示。

表 6-1-1　float 属性的值及其意义

属性值	说明
left	元素向左浮动
right	元素向右浮动
none	默认值，元素不浮动，会显示在文档中默认的位置
inherit	规定应该从父元素继承 float 属性的值，IE 不支持该属性

如果浮动非替换元素，则要指定一个明确的宽度，否则它们会尽可能地窄。假如在一行中只有极少的空间可供浮动元素，那么这个元素会跳至下一行。

小提示：替换元素是指其在浏览器中显示的内容并非由 HTML 文档内容直接表示，如 <img> 就是一个替换元素，它本身没有具体内容，而是由 src 属性指定一个图像替换。<img>、<input>、<textarea>、<select>、<object> 都是替换元素，这些元素都没有实际的内容。HTML 的大多数元素是非替换元素，它们会将内容直接告诉浏览器，将其显示出来。

（2）clear 属性。

语法：选择器 {clear: 属性值 ;}

示例：div{clear:left}

clear 是一个与 float 相反的属性，定义了在元素的哪边不允许出现浮动元素。假设声明为左边清除，会使元素的上外边框边界刚好在左边上浮动元素的下外边距边界之下。clear 属性的值及其意义如表 6-1-2 所示。

（3）浮动布局的原理。

请看图 6-1-17，当把框 1 向右浮动时，它脱离标准流并向右移动，直到它的右边缘碰到包含框的右边缘。

表 6-1-2 clear 属性的值及其意义

属性值	说明
left	在左侧不允许浮动元素
right	在右侧不允许浮动元素
both	在左右两侧均不允许浮动元素
none	默认值，允许浮动元素出现在两侧
inherit	规定应该从父元素继承 clear 属性的值，IE 不支持该属性

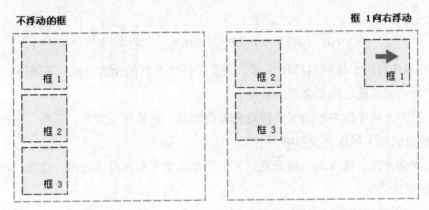

图 6-1-17 框 1 向右浮动的效果

再请看图 6-1-18，当框 1 向左浮动时，它脱离标准流并向左移动，直到它的左边缘碰到包含框的左边缘。因为它不再处于标准流中，所以不占据空间，实际上它覆盖住了框 2，使框 2 从视图中消失。如果把所有三个框都向左浮动，那么框 1 向左浮动直到碰到包含框，另外两个框向左浮动直到碰到前一个浮动框。

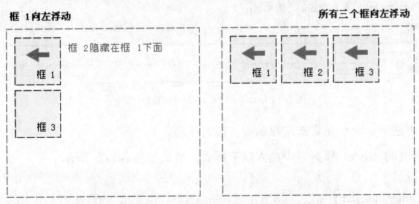

图 6-1-18 框 1 和三个框向左浮动的效果

如果包含框太窄，无法容纳水平排列的三个浮动元素，那么其他浮动框向下移动，直到有足够的空间。如果浮动元素的高度不同，那么当它们向下移动时可能被其他浮动元素"卡住"，如图 6-1-19 所示。

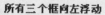

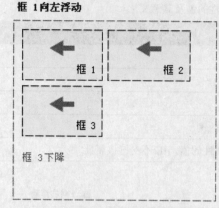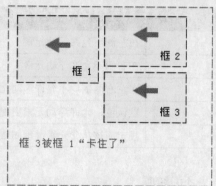

图 6-1-19　包含框无法容纳水平排列的三个浮动元素的效果

float 属性可用于任何 HTML 元素。设置了浮动属性的元素遵循如下规则：

1）浮动元素的边距不会产生重叠。

2）只有元素中的内容会受到浮动元素的影响。也就是说背景、边距、边框、填充等盒子模型的相关属性不受影响。

3）浮动元素均被视为块级元素，元素的实际宽度和高度由边距、边框、填充、宽度和高度属性决定。

（4）常用的浮动布局方法。

浮动布局是网页制作中常用的方法，下面将对常用的浮动布局方法进行归纳总结。

【例 6-1-1】在网页中插入两个 id 名分别为 left 和 right 的 <div> 标签，HTML 代码如下，默认效果如图 6-1-20 所示，我们将以该代码为例来讲解常用的浮动布局方法：

```
< body >
<div id ="left"> 第 1 个 div 元素 </div>
<div id ="right"> 第 2 个 div 元素 </div>
</body>
```

第1个div元素
第2个div元素

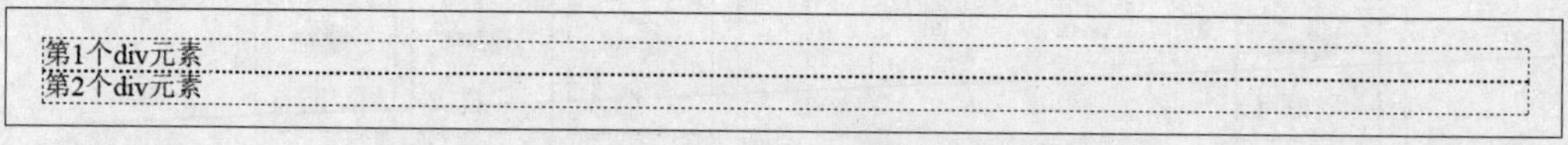

图 6-1-20　两个 <div> 标签的默认效果

1）方法一：两个元素都左浮动或者都右浮动。

在网页的 <style> 标签对中加入以下样式，效果如图 6-1-21 所示：

```
<style>
#left,#right{float:left;}
</style>
```

第1个div元素第2个div元素

图 6-1-21　两个元素向左浮动

将网页的 CSS 样式设置为右浮动，效果如图 6-1-22 所示。

```
<style>
#left,#right{float:right;}
</style>
```

第2个div元素第1个div元素

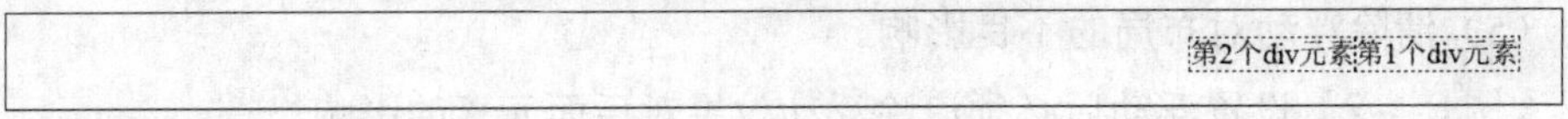

图 6-1-22　两个元素向右浮动

2）方法二：第一个左浮动，第二个右浮动。

将网页的 CSS 样式设置为一个左浮动，一个右浮动，效果如图 6-1-23 所示。

```
<style>
#left{float:left;}
#right{float:right;}
</style>
```

第1个div元素　　　　　　　　　　　　　　　　第2个div元素

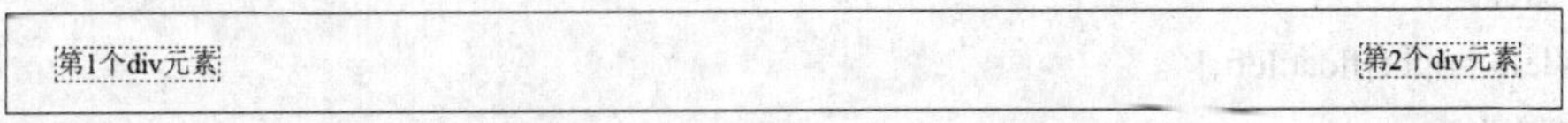

图 6-1-23　一个左浮动，一个右浮动

3）方法三：第一个左浮动，第二个设置左边距（此时左边的 <div> 需要设置宽度）。

将网页的 CSS 样式设置如下，效果如图 6-1-24 所示：

```
<style>
#left{
    width:100px;
    float:left;
}
#right{
 margin - left:100px;
}
</style>
```

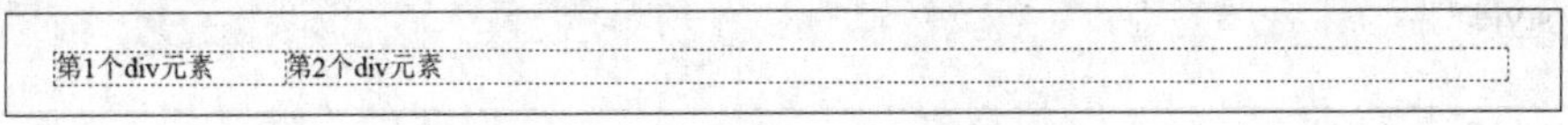

第1个div元素　　第2个div元素

图 6-1-24　一个左浮动，一个设置左边距

4）方法四：第一个右浮动，第二个设置右边距。

将网页 CSS 样式设置如下，效果如图 6-1-25 所示：

```
<style>
#left{
    width:100px;
    float:right;
}
# right{
 margin - right:100px;
}
</style>
```

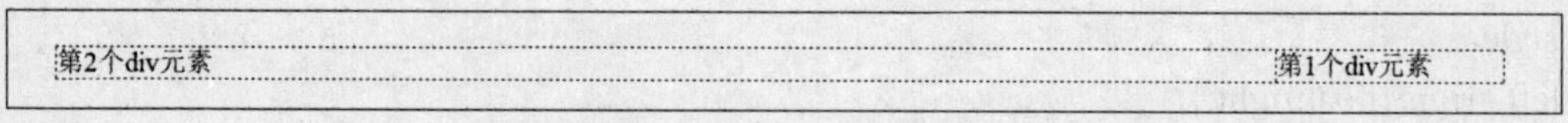

第2个div元素	第1个div元素

图 6-1-25 一个右浮动，一个设置右边距

（5）清除浮动对布局的不良影响。

【例 6-1-2】设置浮动后必须清除浮动效果对后面元素的影响。

在前面并列显示的两个 <div> 元素后加入一个段落。

```
<body>
<div id ="left"> 第 1 个 div 元素 </div>
<div id ="right"> 第 2 个 div 元素 </div>
<p> 这是一个段落 </p>
</body>
```

将网页 CSS 样式设置如下：

```
<style>
#left ,#right{float:left;}
</style>
```

当两个 <div> 同时向左浮动后，会发现段落 <P> 自动跑到同一行中，效果如图 6-1-26 所示。

第1个div元素　　第2个div元素这是一个段落

图 6-1-26 浮动元素对普通元素的影响

为使段落 <p> 不受浮动元素的影响，需要给 <p> 标签加上 clear 属性，CSS 代码如下，效果如图 6-1-27 所示：

```
<style>
#left,#right{float:left;}
p{clear:left;}        /* 这里也可以设置为 both，消除左右浮动的影响 */
</style>
```

第1个div元素　　第2个div元素
这是一个段落

图 6-1-27 消除浮动元素对段落的影响

在网页布局过程中通常是使用将空 <div> 放在浮动元素的后面，再为空 < div> 设置 clear 属性的方法来解决浮动元素对其他正常标准流的影响。

（6）浮动布局应用技巧。

浮动框旁边的行框会被缩短，从而给浮动框留出空间，使行框围绕浮动框。因此，创建浮动框可以使文本围绕图像，如图 6-1-28 所示。

不浮动的框   图像向左浮动

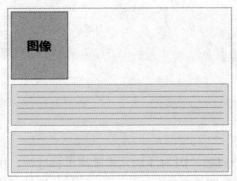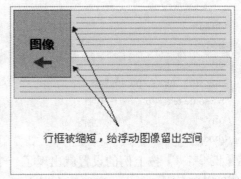

图 6-1-28　图像左浮动效果

要阻止行框围绕浮动框，需要对该行框应用 clear 属性，如图 6-1-29 所示。此外，还可以在被清理元素的上外边距上添加足够的空间，使元素的顶边缘垂直下降到浮动框下面。

不浮动的框   清理第二个段落

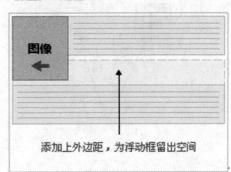

图 6-1-29　为行框清除浮动效果

【例 6-1-3】假设希望一个图像浮动到文本块的左边，并且这幅图像和文本包含在另一个具有背景颜色和边框的元素中，则可以编写以下代码：

```
<head>
<meta charset =" utf-8 " >
<title> 无标题文档 </title>
<style type ="text /css">
.news{
    background - color:#EFEFEF;
    border:solid lpx black;
    padding:10px;
}
.news img{
    float:left;
}
.news p{
    float:right;
```

```
}
</style>
</head>
<body>
<div class ="news">
<img src ="news - pic.jpg">
<p> some text </p>
</div>
</body>
```

【例 6-1-4】按上例的设置就出现了一个问题：因为浮动元素脱离了标准流，所以包围图像和文本的 <div> 容器不占据空间，如图 6-1-30（a）所示。如何让浮动元素所在的 <div> 容器在视觉上也包围浮动元素呢？需要在该元素中的某个地方应用 clear 属性。但由于没有现有的元素可以应用清理，所以只能添加一个空 <div> 并清理它的浮动，效果如图 6-1-30（b）所示。

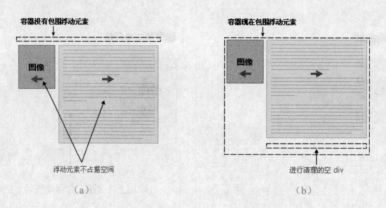

图 6-1-30　为 <div> 容器清除浮动效果

代码如下：

```
<head>
<meta charset ="utf-8">
<title> 无标题文档 </ title>
<style type ="text /css">
.news{
    background - color:#EFEFEF;
    border:solid 1px black;
    padding:10px;
}
.news img{
    float:left;
}
.news p{
    float:right;
}
```

```
.special{
    clear:both;
}
</style>
</head>
<body>
<div class ="news">
<im src ="news - pic.jpg"/>
<p> some text </p>
<div class ="special"></div>
</div>
</body>
```

这样可以实现希望的效果，但是需要添加多余代码。

还有一个办法，就是对容器 <div> 进行浮动。例如，在上面的代码中删除添加的 clear 属性和 HTML 代码 <div class ="special"></div>，然后为 news 选择器添加一行代码：float:left;，这样会得到希望的效果，但是下一个元素会受到该浮动元素的影响。

任务实施

（1）请同学们通过课前预习网页布局的相关知识画出"大美湘西"人文页面的布局结构图，并完成任务工作单 6-1-1。

任务工作单 6-1-1

组号：　　　　　姓名：　　　　　学号：

"大美湘西"人文页面的布局结构图

该页面使用了哪些布局方式	
该页面使用了哪些布局结构	

（2）对知识链接部分进行学习后请思考，如果要完成表中的效果可以使用哪些方法？对应的 CSS 样式应如何编写？并请同学们完成任务工作单 6-1-2。

任务工作单 6-1-2

组号：　　　　　　姓名：　　　　　　　学号：

效果	方法	CSS 样式
 第1个div元素 第2个div元素	例如，两个 <div> 元素都向左浮动	<style> #left,#right{float:left;} </style>
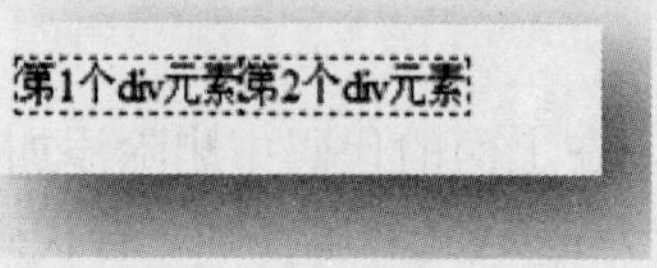 第1个div元素第2个div元素		

（3）请同学们根据图 6-1-1 所示来制作"大美湘西"人文页面，并将制作过程中出现的问题、产生原因和解决方案记录在任务工作单 6-1-3 中。

任务工作单 6-1-3

组号：　　　　　　姓名：　　　　　　　学号：

问题	产生原因	解决方案

评价反馈

评价表

任务编号	6-1	任务名称		制作"大美湘西"人文页面			
组名		姓名		学号			
评价项目					个人自评	小组互评	教师评价
课程表现	学习态度（5分）						
	沟通合作（5分）						
	回答问题（5分）						
知识掌握	掌握常用的页面布局结构（10分）						
	掌握浮动布局的方法（15分）						
	掌握清除浮动的方法（10分）						
任务达成	页面整体显示效果是否与效果图相符，共计10分，有如下4种分值： 1. 高度一致得10分 2. 比较一致得8分 3. 基本一致得6分 4. 完全不同得0分						
	页面布局是否符合要求，评分点如下： 1. 整体布局框架是否合理（2分） 2. Logo的显示是否正确（2分） 3. 导航栏显示是否正确（3分） 4. Banner区域的显示是否符合要求（3分）						
	页面主体区显示是否符合要求，评分点如下： 1. 湘西简介、湘西人文、湘西历史三个版块浮动布局是否正确（5分） 2. 湘西名人头像版块布局是否正确（5分） 3. 湘西人文滚动图片版块是否正确（5分）						
	页面底部版权区显示是否符合要求，评分点如下： 1. 文字内容（3分） 2. 样式是否与效果图相符（2分）						
	代码编写是否符合网页开发规范，评分点如下： 1. 命名规范：能做到见名知意（4分） 2. 代码排版规范：缩进统一，方便阅读（2分） 3. 注释规范：通过注释能清楚地知道页面各功能区代码及其样式代码的位置（4分）						
得分							
经验总结反馈建议							

任务2　制作"民风民俗"页面

在任务1中我们学习了常用的网页布局结构和布局方法，以及浮动布局和清除浮动的方法，并制作了"大美湘西"人文页面。本任务将带领大家继续学习网页元素定位的方法，完成"民风民俗"页面的制作。

▶ 学习目标

知识目标

★ 掌握定位的构成。

★ 掌握定位的方法。

★ 掌握各类定位方法的区别。

★ 掌握定位元素叠放次序的设置方法。

任务2整体介绍

能力目标

★ 能熟练定位网页元素。

★ 能运用各类元素定位方法实现不同的显示效果。

★ 能灵活调整定位元素的叠放次序。

思政目标

★ 培养学生严谨的工作态度。

★ 培养学生精益求精的工匠精神。

★ 培养学生的团队精神和团队意识。

♀ 思维导图

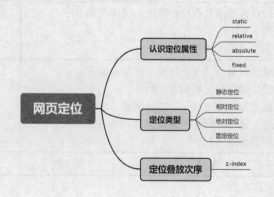

📖 任务描述

按照图 6-2-1 所示的效果完成"民风民俗"页面的制作。

制作"民风民俗"
页面

图 6-2-1 "民风民俗"页面效果

任务要求

1. 请同学们课前预习网页元素定位的相关知识并完成任务工作单 6-2-1。

2. 请同学们完成对知识链接部分的学习并完成任务工作单 6-2-2。

3. 请同学们参照图 6-2-1 所示的效果完成"民风民俗"页面的制作，并将制作过程中出现的问题、产生原因和解决方案记录在任务工作单 6-2-3 中。

4. 请同学们在完成"民风民俗"页面后填写评价表。

知识链接

1. 认识定位属性

浮动布局虽然灵活，但却无法对元素的位置进行精确的控制。制作网页时，如果希望标签内容出现在某个特定的位置，则需要使用定位属性对标签进行精确定位。标签的定位属性包括定位模式和边偏移两部分，定位模式用于指定一个元素在文档中的定位方式，边偏移则决定了该元素的最终位置。

（1）定位模式。在 CSS3 中，position 属性用于定义标签的定位模式。

基本语法：选择器 {position: 属性值 ;}

示例代码：div{position:relative;}

position 属性的常用值如表 6-2-1 所示。

表 6-2-1　position 属性的常用值

值	说明
static	自动定位（默认定位方式）
relative	相对定位，相对于其原文档流的位置进行定位
absolute	绝对定位，相对于其上一个已经定位的父标签进行定位
fixed	固定定位，相对于浏览器窗口进行定位

（2）边偏移。定位模式仅仅用于定义标签以哪种方式定位，并不能确定标签的具体位置。在 CSS3 中，通过边偏移属性 top、bottom、left、right 可以精确定义定位标签的位置，边偏移属性取值为数值或百分比，如表 6-2-2 所示。

表 6-2-2　边偏移属性

边偏移属性	说明
top	顶端偏移量，定义标签相对于其父标签上边线的距离
bottom	底部偏移量，定义标签相对于其父标签下边线的距离
left	左侧偏移量，定义标签相对于其父标签左边线的距离
right	右侧偏移量，定义标签相对于其父标签右边线的距离

2. 定位类型

标签的定位类型有静态定位、相对定位、绝对定位和固定定位。

（1）静态定位。静态定位是标签的默认定位方式，当 position 属性的取值为 static 时，可以将标签定位于静态位置。所谓静态位置，就是各个标签在 HTML 文档流中默认的位置。

任何标签在默认状态下都会以静态定位来确定自己的位置，所以当没有定义 position 属性时，并不是说该标签没有自己的位置，而是它会遵循默认值显示为静态位置。在静态定位状态下，我们无法通过边偏移属性（top、bottom、left、right）来改变标签的位置。

基本语法：选择器 { position : static; }

示例代码：div{ position : static; }

【例 6-2-1】在页面中分别定义 id="top"、id="box" 和 id="footer" 三个 <div> 容器。

从图 6-2-2 可以看到，页面中分别定义了 id="top"、id="box" 和 id="footer" 三个 <div> 容器，彼此是并列关系。id="box" 的容器又包含 id="box-1"、id="box-2"、id="box-3" 这三个容器，彼此也是并列关系。所有的 <div> 元素定位采用默认值，即静态定位方式。

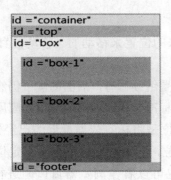

图 6-2-2　静态定位

（2）相对定位。相对定位是将标签相对于它在标准文档流中的位置进行定位，当 position 属性的取值为 relative 时，标签可以相对定位。对标签设置相对定位后，可以通过边偏移属性改变标签的位置，但是它在文档流中的位置仍然保留。

基本语法：选择器 { position : relative; }

示例代码：div{ position : relative; }

【例 6-2-2】在例 6-2-1 的基础上将 id="box" 的元素设为相对定位，效果如图 6-2-3 所示。

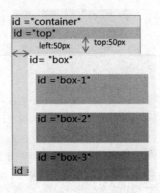

图 6-2-3　相对定位

```
#box {
    width: 400px;
    background-color: #FF6;
    padding-left: 5px;
    position:relative;    /* 设置相对定位 */
    top:50px;             /* 相对于例 6-2-1 的位置向下移动 50px*/
    left:50px;            /* 相对于例 6-2-1 的位置向右移动 50px*/
}
```

id="box" 的元素进行了相对定位属性设置，相对于在文档流（id="container"）中的原来位置向下、向右各移动了 50px，原来的位置不但没有被 id="footer" 的元素占据，还将其覆盖了一部分。若此处不设置移动位置，即没有 top、left 设置，则相对定位没有效果。相对定位通常和 position 的属性值 absolute 一起使用，常用于 Logo 的定位。

相对定位的特点如下：

1）它是相对于自己原来的位置来移动的（移动位置的时候参照点是自己原来的位置）。

2）原来在标准流中的位置继续占有，后面的盒子仍然以标准流的方式对待它。

3）相对定位并没有脱离标准文档流，其最典型的应用是给绝对定位当父亲。

（3）绝对定位。绝对定位是将标签依据最近的已经定位（绝对定位、固定定位、相对定位）的父标签进行定位，若所有父标签都没有定位，设置绝对定位的标签会依据 <body> 元素的根标签（也可以看作浏览器窗口）进行定位。当 position 属性值为 absolute 时，可以将标签的定位模式设置为绝对定位。

基本语法：选择器 { position: absolute; }

示例代码：div{ position : absolute; }

【例 6-2-3】在例 6-2-1 的基础上，修改 id="box-1" 为绝对定位，如图 6-2-4 所示。

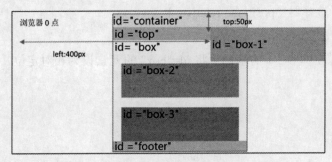

图 6-2-4　绝对定位

```
#box-1 {
    width:350px;                /* 设置元素宽度 */
    height:100px;               /* 设置元素高度 */
    background-color:#C9F;      /* 设置背景色 */
    padding-left:5px;           /* 设置左内边距 */
    margin-left:20px;           /* 设置左外边距 */
    position:absolute;          /* 设置绝对定位 */
    top:50px;                   /* 设置距顶部距离 */
    left:400px;                 /* 设置距左边距离 */
}
```

可以看到，当 id="box-1" 的元素使用绝对定位后，其位置相对于浏览器 0 点向下和向右移动，页面中的其他元素位置也相应发生变化，id="box-2"、id="box-3" 和 id="footer" 这些元素都上移。由此可见，使用绝对定位元素的位置与文档流无关且不占据空间，即不再遵循 HTML 的标准定位规则。文档中其他元素的布局就像绝对定位的元素不存在一样。绝对定位通常和 position 的属性值 relative 一起使用，常用于 Logo 的定位。

而在网页设计中，一般需要子标签相对于其父标签的位置保持不变，也就是让子标签依据其父标签的位置进行绝对定位，此时如果父标签不需要定位，那么该怎么办呢？

对于上述情况，可直接将父标签设置为相对定位，但不对其设置偏移量，然后对子标签应用绝对定位，并通过 position 属性对其进行精确定位。这样既不会使父标签失去其空间，又能保证子标签依据父标签准确定位。

绝对定位的特点如下：

1）如果没有父标签或者父标签没有定位，则以浏览器为准定位。

2）如果父标签有定位（相对定位、绝对定位、固定定位），则以最近一级的有定位的父标签为参考点移动位置。

3）绝对定位不再占有原先的位置，所以绝对定位是脱离标准文档流的。

（4）固定定位。固定定位是绝对定位的一种特殊形式，它以浏览器窗口作为参照物来定义网页标签。当position属性值为fixed时，可将标签的定位模式设置为固定定位。

当对标签设置固定定位后，该标签将脱离标准文档流的控制，始终依据浏览器窗口来定义自己的显示位置。不管浏览器滚动条如何滚动，也不管浏览器窗口的大小如何变化，该标签始终显示在浏览器窗口的固定位置。

基本语法：选择器 { position: fixed; }

示例代码：div{ position : fixed; }

【例 6-2-4】id="tt" 和 id="cc" 两个 div 都未设置 z-index 属性，将 id="tt" 设为固定定位，效果如图 6-2-5 所示。

图 6-2-5　固定定位

将 id="tt" 的文本框元素固定定位，id="cc" 的图片元素的高度让浏览器出现垂直滚动条，当拖动滚动条向下滚动页面时，tt 文本框固定定位，相对于浏览器位置不变。固定定位的使用场景通常为广告图片。

固定定位的特点如下：

1）以浏览器的可视窗口为参照点移动元素。

2）与父元素没有任何关系。

3）不随滚动条滚动。

4）不再占有原先的位置。

5）固定定位也是脱离标准文档流，其实固定定位也可以看作是一种特殊的绝对定位。

3. 定位叠放次序

在使用定位布局时可能会出现盒子重叠的情况，此时可以使用 z-index 属性来控制盒子的前后次序（z轴）。只有设置了定位才会使用到 z-index 属性，如固定定位、相对定位、绝对定位。

（1）如果两个定位的元素都没有设置 z-index 属性，那么后者会覆盖到前者。

【例 6-2-5】div1 和 div2 都未设置 z-index 属性，效果如图 6-2-6 所示。

```
div{
    width: 200px;
    height: 200px;
}
.div1{
    background-color: red;
    position: relative;
    top: 50px;
    left: 50px;
}
.div2{
    background-color: slateblue;
    position: relative;
    left: 100px;
}
```

图 6-2-6   未设置叠放次序，后者覆盖前者

（2）如果两个定位的元素都设置了 z-index 属性，并且数值一样大，那么后者还是会覆盖到前者。

【例 6-2-6】div1 和 div2 设置相同的 z-index 属性值，效果如图 6-2-7 所示。

```
div{
    width: 200px;
    height: 200px;
}
.div1{
    background-color: red;
    position: relative;
    top: 50px;
    left: 50px;
    z-index: 2;
}
.div2{
```

```
        background-color: slateblue;
        position: relative;
        left: 100px;
        z-index: 2;
    }
```

图 6-2-7　设置相同的 z-index 属性值，后者覆盖前者

（3）z-index 属性值大的元素会覆盖属性值小的元素，因此叠放就是设置元素的层级。

【例 6-2-7】div1 和 div2 分别设置 z-index 属性值为 3 和 2，效果如图 6-2-8 所示。

```
div{
    width: 200px;
    height: 200px;
}
.div1{
    background-color: red;
    position: relative;
    top: 50px;
    left: 50px;
    z-index: 3;
}
.div2{
    background-color: slateblue;
    position: relative;
    left: 100px;
    z-index: 2;
}
```

叠放的特点如下：

1）如果未定义叠放次序，则按声明的先后顺序叠放。

2）数值可以是正整数、负整数或 0，默认是 auto，数值越大盒子越靠上。

3）如果属性值相同，则按照书写顺序后来居上。

4）数字后面不能加单位。

5）有定位的盒子才有 z-index 属性。

225

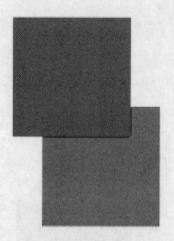

图 6-2-8　z-index 属性值大的元素覆盖属性值小的元素

📚 **任务实施**

（1）通过对知识链接部分的学习，请同学们按要求完成任务工作单 6-2-1。

任务工作单 6-2-1

组号：　　　　　　姓名：　　　　　　　　　学号：

元素定位类型有哪几种	语法
如：静态定位	选择器 { position : static; }

（2）通过对叠放属性的学习，请同学们完成任务工作单 6-2-2。

任务工作单 6-2-2

组号：　　　　　　姓名：　　　　　　　　　学号：

序号	效果	代码

1	**这是一个标题**
	默认的 Z-index 是 0。Z-index -1 拥有更低的优先级。
		```<html>```
		```<head>```
		```<style type="text/css">```
		```img.x```
		```{```
		```_____```
		``` left:0px;```
		``` top:0px;```
		```_____```
		```}```
		```</style>```
		```</head>```
		```<body>```

226

续表

序号	效果	代码

1		`<h1>` 这是一个标题 `</h1>`
		`<img class="x" src="/i/eg_mouse.jpg" />`
		`<p>` 默认的 z-index 是 0。z-index -1 拥有更低的优先级。`</p>`
		`</body>`
		`</html>`

2	**标题**
	是 0。Z-index 1 拥有更高的优先级。
		`<html>`
		`<head>`
		`<style type="text/css">`
		`img.x`
		`{`
		
		_____
		   left:0px;
		   top:0px;
		
		_____
		`}`
		`</style>`
		`</head>`
		`<body>`
		`<h1>` 这是一个标题 `</h1>`
		`<img class="x" src="/i/eg_mouse.jpg" />`
		`<p>` 默认的 z-index 是 0。z-index 1 拥有更高的优先级。`</p>`
		`</body>`
		`</html>`

（3）请同学们根据图 6-2-1 所示来制作"民风民俗"页面，并将制作过程中出现的问题、产生原因和解决方案记录在任务工作单 6-2-3 中。

任务工作单 6-2-3

组号：　　　　　　姓名：　　　　　　学号：

问题	产生原因	解决方案

评价反馈

评价表

任务编号	6-2	任务名称		制作"民风民俗"页面			
组名		姓名		学号			
评价项目					个人自评	小组互评	教师评价
课程表现	学习态度（5 分）						
	沟通合作（5 分）						
	回答问题（5 分）						
知识掌握	掌握定位的设置方法（10 分）						
	掌握叠放次序的设置方法（10 分）						
任务达成	页面整体显示效果是否与效果图相符，共计 10 分，有如下 4 种分值： 1. 高度一致得 10 分 2. 比较一致得 8 分 3. 基本一致得 6 分 4. 完全不同得 0 分						
	页面导航区显示是否符合要求，评分点如下： 1. 背景显示是否正确（2 分） 2. Logo 与导航条之间要有间距（2 分） 3. 各菜单项之间要有间距（2 分） 4. Logo 和导航条的位置是否正确（2 分） 5. 当前菜单项要有不同的样式（2 分）						
	页面主体区显示是否符合要求，评分点如下： 1. 布局是否合理（10 分） 2. 各盒子定位是否正确（10 分） 3. 文本内容是否合适（5 分） 4. 左侧导航链接是否正确（5 分）						
	页面底部区域显示是否符合要求，评分点如下： 1. 内容少一项扣 1 分（3 分） 2. 样式是否与效果图相符（2 分）						
	代码编写是否符合网页开发规范，评分点如下： 1. 命名规范：能做到见名知意（4 分） 2. 代码排版规范：缩进统一，方便阅读（2 分） 3. 注释规范：通过注释能清楚地知道页面各功能区代码及其样式代码的位置（4 分）						
得分							
经验总结反馈建议							

任务3 设计并制作"我的家乡"人文页面

在任务1和任务2中我们学习了网页布局与定位的相关知识，并按效果图制作出了"大美湘西"人文页面和"民风民俗"页面。本任务将设计并制作以"我的家乡"为主题的人文页面。大家可以通过搜索关键词"我的家乡"来触发本次学习任务。

学习目标

知识目标
★ 掌握定位的拓展知识。
★ 掌握网页元素的显示与隐藏方法。

任务3整体介绍

能力目标
★ 具备一定的自学能力。
★ 具备收集与整理数据的能力。
★ 具备将理论知识转化为实操的能力。

思政目标
★ 培养学生好学、善学的情操。
★ 培养学生精益求精的工匠精神。
★ 继承弘扬优秀传统文化，培养学生爱祖国、爱家乡的情怀。

思维导图

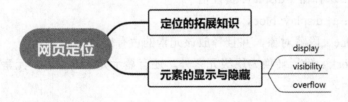

任务描述

以"我的家乡"为主题创建人文页面，使用合适的布局和定位方法，结构清晰，色彩搭配协调，素材可以取自家乡的真实照片或从网络上获取。

任务要求

1. 请同学们课前预习定位的拓展知识和显示与隐藏元素的相关知识，并完成任务工作单6-3-1。
2. 请同学们课中完成对知识链接部分的学习并完成任务工作单6-3-2。
3. 请同学们按任务描述设计并制作"我的家乡"页面，并完成任务工作单6-3-3。

4. 请同学们在完成"我的家乡"页面后填写评价表。

知识链接

1. 定位的拓展知识

（1）绝对定位的盒子居中。加了绝对定位的盒子不能通过 margin:0 auto 水平居中，但是可以通过以下计算方法实现水平居中和垂直居中：

1）left: 50%; ：让盒子的左侧移动到父级元素的水平中心位置。

2）margin-left: -100px; ：让盒子向左移动自身宽度的一半的距离。

（2）定位的特殊属性。绝对定位和固定定位也与浮动定位类似。

1）行内元素添加绝对定位或固定定位，可以直接设置高度和宽度。未添加绝对定位前，宽度和高度不起作用；添加绝对定位后，宽度和高度正常显示。

2）块级元素添加绝对定位或固定定位，如果不给出宽度或高度，默认大小是内容的大小。未添加绝对定位前，<div> 元素的背景绿色显示了一行；添加绝对定位后，<div> 元素的背景绿色大小与内容大小一致。

3）脱离标准文档流的盒子不会触发外边距塌陷。浮动元素、绝对定位（固定定位）元素都不会触发外边距合并的问题。

4）绝对定位（固定定位）会完全压住盒子。浮动的元素只会压住它下面标准文档流的盒子，不会压住下面标准文档流盒子中的文字；绝对定位（固定定位）会压住下面标准文档流盒子中所有的内容。

2. 元素的显示与隐藏

类似于网站广告，当我们单击关闭时它就会不见，刷新页面它又会重新出现。也就是让一个元素在页面中隐藏或者显示出来。

（1）display 属性：用于设置一个元素应如何显示。

基本语法：选择器 { display: 属性值 ; }

示例代码：a{ display: block; }

display: none ：隐藏对象，并且释放该元素的占有位置。

display: block ：除了转换为块级元素外，还有显示元素的意思，元素隐藏后，不再占有原来的位置。

display 属性应用非常广泛，搭配 JavaScript 可以实现很多网页特效。

（2）visibility 属性：用于指定一个元素是可见还是隐藏。

基本语法：选择器 { visibility: 属性值 ; }

示例代码：h1{ visibility: hidden; }

visibility: visible ：元素可见。

visibility: hidden ：元素隐藏。

元素隐藏后，继续占有原来的位置。

（3）display:none 与 visiblity: hidden 的区别。

如果隐藏元素想要占有原来的位置，则用 visibility : hidden ；如果隐藏元素不想占有原来的位置，则用 display : none。

【例 6-3-1】设置 display : none，效果如图 6-3-1 所示。

```
<!DOCTYPE html>
<html>
<head>
<style>
h1.hidden {
    display: none;
}
</style>
</head>
<body>
<h1> 这是一个可见的标题 </h1>
<h1 class="hidden"> 这是一个隐藏的标题 </h1>
<p> 请注意， display: none; 的标题不会占用任何空间。</p>
</body>
</html>
```

这是一个可见的标题

请注意， display: none; 的标题不会占用任何空间。

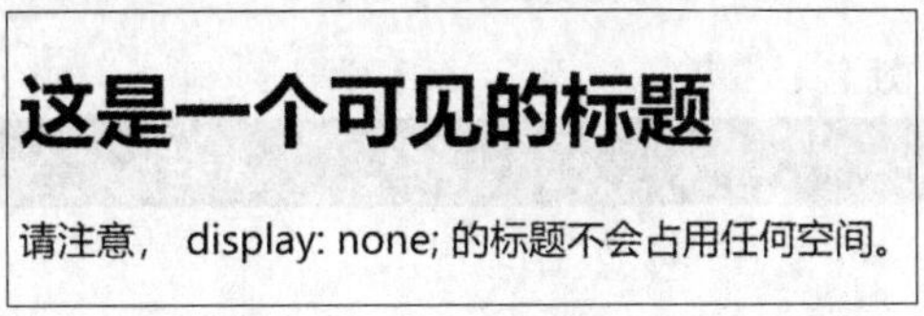

图 6-3-1 设置 display : none

【例 6-3-2】设置 visiblity: hidden，效果如图 6-3-2 所示。

```
<!DOCTYPE html>
<html>
<head>
<style>
h1.hidden {
  visibility: hidden;
}
</style>
</head>
<body>
<h1> 这是可见的标题 </h1>
<h1 class="hidden"> 这是隐藏的标题 </h1>
<p> 请注意，隐藏的标题仍然占据空间。</p>
</body>
</html>
```

这是可见的标题

请注意，隐藏的标题仍然占据空间。

图 6-3-2 设置 visiblity: hidden

（4）overflow 属性：指定了如果内容溢出一个元素的框（超过其指定高度及宽度）时会发生什么。

基本语法：选择器 { overflow: 属性值 ; }

示例代码：h1{ overflow: hidden; }

一般情况下，我们都不想让溢出的内容显示出来，因为溢出的部分会影响布局。

```
overflow:hidden;        /* 隐藏 */
overflow:scroll;        /* 生成滚动条 */
overflow:auto;          /* 未超出则不显示滚动条 */
```

但是如果是有定位的盒子，则应慎用 overflow:hidden，因为它会隐藏多余的部分。

任务实施

（1）通过对知识链接部分的学习，请同学们完成任务工作单 6-3-1，写出浮动定位与绝对定位的特性。

任务工作单 6-3-1

组号： 姓名： 学号：

定位	特性
浮动定位	
绝对定位	

（2）通过对知识链接部分的学习，请同学们根据任务工作单 6-3-2 中的效果描述准确写出相关属性值和含义。

任务工作单 6-3-2

组号： 姓名： 学号：

元素显示与隐藏的设置方式	属性值	含义
display 显示与隐藏		
visibility 显示与隐藏		

续表

元素显示与隐藏的设置方式	属性值	含义
overflow 溢出显示与隐藏		

（3）请同学们以小组为单位讨论"我的家乡"页面的布局和定位方式，完成页面的设计和制作，并将制作过程中出现的问题、产生原因和解决方案记录在任务工作单 6-3-3 中。

任务工作单 6-3-3

组号：　　　　　　姓名：　　　　　　学号：

页面名称	问题	产生原因	解决方案
"我的家乡"页面			
"我的家乡"详情页面			

评价反馈

评价表

任务编号	6-3		任务名称		制作"我的家乡"人文页面			
组名			姓名		学号			
评价项目						个人自评	小组互评	教师评价
课程表现	学习态度（5分）							
	沟通合作（5分）							
	回答问题（5分）							
知识掌握	掌握正确的定位设置方法（10分）							
	掌握元素显示与隐藏的设置方法（5分）							
	掌握正确页面布局的方法（10分）							
任务达成	人文页面	页面布局结构是否合理（2分）						
		网页的主要元素是否具备（10分）						
		网页的色彩搭配是否美观、合理（3分）						
		网页的内容是否饱满且健康（5分）						
	人文详情页面	页面布局结构是否合理（2分）						
		网页的主要元素是否具备（10分）						
		网页的色彩搭配是否美观、合理（3分）						
		网页的内容是否饱满且健康（5分）						
	网页是否新颖且具有创意，共计10分，有如下4种分值： 1. 非常新颖且有创意得10分 2. 比较新颖且有创意得8分 3. 50%以上与课堂案例雷同，没有创新得6分 4. 90%以上与课堂案例雷同，没有创新得3分							
	代码编写是否符合网页开发规范，评分点如下： 1. 命名规范：能做到见名知意（4分） 2. 代码排版规范：缩进统一，方便阅读（2分） 3. 注释规范：通过注释能清楚地知道页面各功能区代码及其样式代码的位置（4分）							
得分								
经验总结反馈建议								

项目 7

网站平台与网站发布

任务　网站发布

　　网页制作完成后，就可以发布到服务器形成网站，供浏览者访问了。本任务使用互联网信息服务（Internet Information Services，IIS）发布网站。

▶ **学习目标**

知识目标

★ 了解服务器的基本知识。

★ 掌握 IIS 的安装方法。

★ 掌握服务器 IP 地址的设置方法。

★ 掌握网站的发布方法。

能力目标

★ 能正确安装 IIS。

★ 能正确配置 Web 服务器 IP 地址和验证发布的网站。

★ 能综合运用所学知识将制作的"大美湘西"网站发布到服务器。

思政目标

★ 培养学生一丝不苟的态度和精益求精的工匠精神。

★ 培养学生的团队协作意识和竞争意识。

★ 培养学生的爱国情怀和文化自信。

★ 培养学生的全局观念和大局意识。

💡 **思维导图**

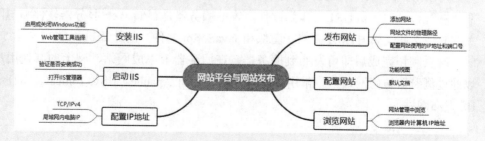

任务描述

在装有 Windows 10 的计算机上安装 IIS，检查 IIS 安装是否成功，查看和配置计算机的 IP 地址，在安装好的 IIS 中发布"大美湘西"网站，验证发布是否成功，使用不同计算机上的浏览器访问发布的网站。

网站平台与网站发布

任务要求

1. 请同学们课前预习计算机网络 IP 地址划分基础知识。
2. 请同学们课中完成对知识链接部分的学习并完成任务工作单 7-1。
3. 请同学们完成"大美湘西"网站的新建与配置，并填写任务工作单 7-2。
4. 请同学们在完成"大美湘西"网站的发布后填写评价表。

知识链接

互联网信息服务（Internet Information Services，IIS）是由微软公司提供的基于 Windows 平台的互联网基本服务，它是一种 Web 服务组件，其中包括 Web 服务器、FTP 服务器、NTP 服务器和 SMTP 服务器，分别用于网页浏览、文件传输、新闻服务和邮件发送，它使得在网络（包括互联网和局域网）上发布信息成了一件很容易的事。本任务基于 Windows 10，其他版本的发布方法基本相似。

服务器是计算机的一种，它比普通计算机运行更快，负载更高，价格更贵。服务器在网络中为其他客户机（如个人计算机、智能手机、ATM 等终端设备）提供计算或应用服务。服务器具有高速的 CPU 运算能力、长时间的可靠运行能力、强大的 I/O 外部数据吞吐能力和更好的扩展性。

服务器具备承担响应服务请求、承担服务、保障服务的能力。服务器作为电子设备，其内部结构十分复杂，包括 CPU、硬盘、内存、系统、系统总线等。本任务以学生计算机作为 Web 服务器。

Web 服务器使用 HTTP 协议及其他协议响应来自万维网客户端的请求，网站就存放在 Web 服务器上。Web 服务器的主要工作是存储、处理和向用户显示网站内容。除了 HTTP 协议，Web 服务器还支持 SMTP 协议和 FTP 协议，分别用于电子邮件和文件的传输与存储。

Web 服务器上的软件通过网站的域名或 IP 地址进行访问，并确保将网站的内容交付给请求用户。软件端也由几个组件组成，其中至少有一个 HTTP 服务器。HTTP 服务器能够解析 HTTP 和 URL。作为硬件，Web 服务器是存储 Web 服务器软件和与网站相关的其他文件（如 HTML 文档、图像和 JavaScript 文件）的计算机。

网页制作完成后即可发布到服务器，在服务器上生成网站，网上的其他用户就可以通过浏览器访问网站了。常用的网站发布平台有 Apache、IIS、Tomcat。本任务使用 IIS 发布网站。

1. 安装 IIS

（1）在 Windows 10 桌面上单击"开始"菜单中的"设置"选项，如图 7-1 所示。

图 7-1 单击"设置"选项

（2）在设置窗口中单击"应用"选项，如图 7-2 所示。

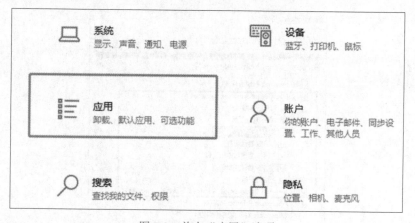

图 7-2 单击"应用"选项

（3）在"应用和功能"窗口中单击"程序和功能"选项，如图 7-3 所示。

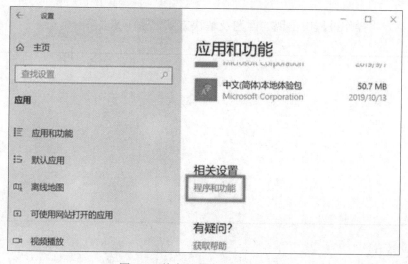

图 7-3 单击"程序和功能"选项

（4）在"程序和功能"窗口中单击"启用或关闭 Windows 功能"选项，如图 7-4 所示。

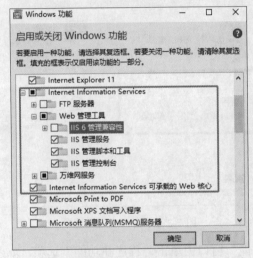

图 7-4 单击"启用或关闭 Windows 功能"选项

（5）弹出"Windows 功能"对话框，在 Internet Information Services 下的"Web 管理工具"中勾选"IIS 管理服务""IIS 管理脚本和工具"和"IIS 管理控制台"选项，单击"确定"按钮安装 IIS 组件，如图 7-5 所示。

图 7-5 安装 IIS 组件

请在下方将操作过程中出现的问题及解决方案记录下来。

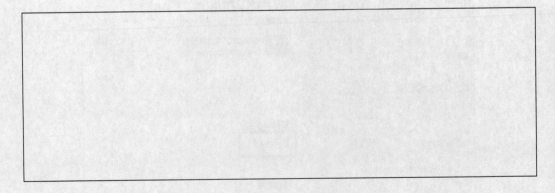

2. 启动 IIS

（1）验证是否安装成功。打开浏览器，在地址栏内输入 localhost，如果显示图 7-6 所示的窗口则表示 IIS 安装成功。

图 7-6　IIS 安装成功

（2）在桌面上的"开始"菜单处右击，在弹出的快捷菜单中选择"计算机管理"选项，如图 7-7 所示。

图 7-7　选择"计算机管理"选项

（3）在打开的"计算机管理"窗口中展开"服务和应用程序"并双击"Internet Information Services（IIS）管理器"打开 IIS 管理器，如图 7-8 所示。

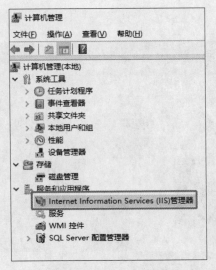

图 7-8　选择并打开 IIS

3．发布网站

（1）在 IIS 管理器左侧的"连接"窗格下右击"网站"并选择"添加网站"选项
（图 7-9），弹出"添加网站"对话框。

图 7-9　新建网站

（2）在对话框中输入网站名称，如 DMXX，选择网站使用的应用程序池，IIS 管理
器会默认新建一个与网站名称一样的应用程序池，也可以单击"选择"按钮选择一个
已有的应用程序池。如果只是发布静态网页（如 HTML 或 HTM 网页文件），"应用程
序池"采用默认设置即可；如果是发布 Web 应用系统，则需要对应用程序池进行相关
的配置。

（3）在对话框中的"内容目录"部分选择网站文件的物理路径，即网站相关文件在
服务器上的存储位置。在"物理路径"文本框右侧单击 ⋯ 按钮选择网站文件存放路径。
本任务以发布"大美湘西"网站为例，网站文件存储在 D 盘的"大美湘西"文件夹下。

（4）在对话框中的"绑定"部分配置网站使用的 IP 地址和端口号，在配置端口号之前需要确认端口号没有被其他程序占用。默认是 80 端口，在"类型"下拉列表框中选择 http，在"IP 地址"下拉列表框中选择本机的 IP 地址。如果系统设置的是自动获取 IP 地址，那么再次开机后有可能 IP 地址会被更改，网站会无法使用，这时就需要设置固定 IP 地址（IP 地址的配置将在后面介绍）。设置完成后单击"确定"按钮，网站新建完成。

以上 3 个步骤的网站基本设置如图 7-10 所示。

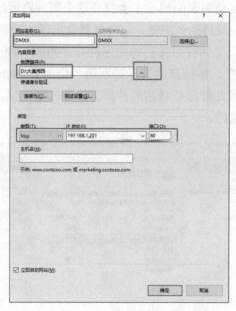

图 7-10 网站基本设置

4. 配置网站

（1）在 IIS 管理器左侧的"连接"窗格中单击"网站"下的 DMXX 网站名称。然后在中间窗格的"功能视图"选项卡中找到"默认文档"选项，双击将其打开，如图 7-11 所示。

图 7-11 双击"默认文档"选项

（2）在"默认文档"编辑窗口中单击"添加"按钮添加一个默认文档的名称，如 index.html。

设置的默认文档是指在浏览器中只需要输入路径，不需要输入具体网页名称，如输入服务器地址 http://192.168.1.201，浏览器会显示默认网页名称。

如果没有设置默认文档且想要正常访问网页，则必须在地址栏中输入包含网页文件名在内的地址 http:// 192.168.1.201/index.html。

在没有设置默认文档的情况下，如果向浏览器地址栏中输入 http:// 192.168.1.201 进行访问，在允许访问目录列表的情况下会打开这个服务器地址对应站点的目录列表，而一般情况下是不允许访问目录列表的，这时候就会出现一个错误页面。

系统默认打开的网页文件按照排列的顺序打开，如图 7-12 所示。如果排在第一位的 Default.htm 文件不存在，系统自动选择排在第二位的 Default.asp 默认文件，后面的以此类推。所以在发布网站时应把网站的首页文件排在第一位。在操作区域可以删除、上移、下移和禁用默认文档。

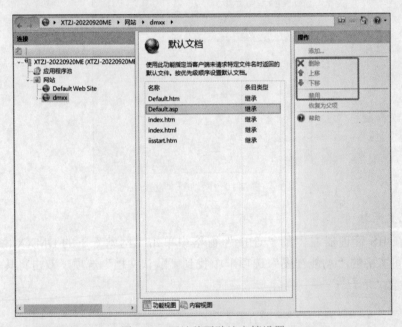

图 7-12　网站首页默认文档设置

请在下方将操作过程中出现的问题及解决方案记录下来。

5. 浏览网站

在网站发布后，可用以下 3 种方式来浏览网站，检验网站是否正常。

（1）在本机上打开网站浏览。在 IIS 管理器左侧的"连接"窗格下右击"网站"下的网站名称 DMXX 并选择"网站管理"→"浏览"选项即可查看网站首页，如图 7-13 所示。

图 7-13　利用 IIS 管理器浏览网站（1）

（2）在 IIS 管理器右侧的"操作"窗格的"管理网站"区域中单击"启动"按钮，网站的状态会切换为启动状态，然后单击下方的"浏览网站"选项，即可查看网站网页，如图 7-14 所示。

图 7-14　利用 IIS 管理器浏览网站（2）

（3）在局域网内任意一台计算机上打开网站，让别人能看到发布的网站内容，是我们发布网站的目的。在局域网内的任意一台计算机上打开浏览器，在地址栏中输入网站的 IP，如输入 http://192.168.1.201，如果在发布网站时不是使用的默认端口号 80，则需要在 IP 地址后加上英文输入状态下的冒号和端口号，如新建网站使用的端口号为 18001，则在地址栏中输入 http://192.168.1.201:18001 即可正常浏览发布的网站。

如果手机和计算机在同一个局域网中，则可以在手机浏览器中输入网站 IP 地址，打开新建的网站。

如果网站需要发布到因特网，在因特网上打开网站，则需要购买公网服务器网络空间、公网 IP 地址、申请域名和网站备案等。

本任务发布的"大美湘西"网站如图 7-15 所示。

图 7-15 "大美湘西"网站

6. 配置 IP 地址

（1）打开控制面板，将查看方式改为"小图标"，然后双击"网络和共享中心"选项，如图 7-16 所示。

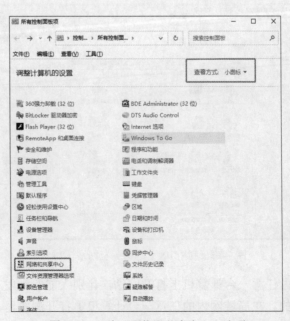

图 7-16 双击"网络和共享中心"选项

（2）在"网络和共享中心"窗口中的"查看活动网络"区域中单击"以太网"选项（图 7-17），弹出"以太网 状态"对话框。

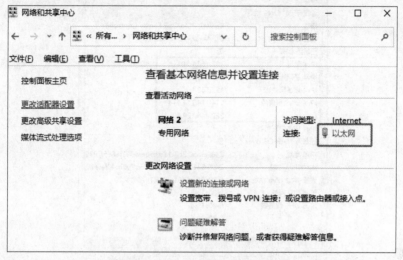

图 7-17 单击"以太网"选项

（3）在其中单击"详细信息"按钮（图 7-18）打开"网络连接详细信息"对话框，查看当前的 IP 地址，如图 7-19 所示，记下 IPv4 地址、IPv4 子网掩码、IPv4 默认网关和 IPv4 DNS 服务器。

图 7-18 单击"详细信息"按钮

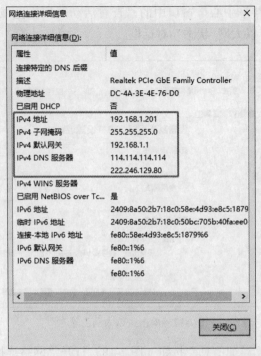

图 7-19　查看 IP 地址

　　（4）单击"关闭"按钮返回"以太网 状态"对话框，在其中单击"属性"按钮，弹出"以太网 属性"对话框，在列表框中双击"Internet 协议版本 4（TCP/IPv4）"选项，如图 7-20 所示。

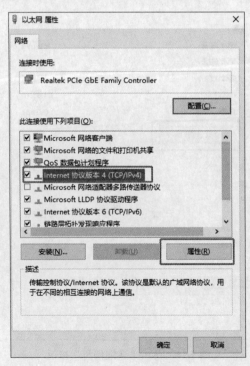

图 7-20　网络属性

（5）在弹出的"Internet 协议版本 4（TCP/IPv4）属性"对话框中选择"使用下面的 IP 地址"单选项，在第一行中输入图 7-19 中显示的 IPv4 地址，可以默认使用当前的 IP；第二行是子网掩码，自动填写，不用更改；第三行是网关，输入图 7-19 中显示的 IPv4 默认网关。然后选择"使用下面的 DNS 服务器地址"单选项，输入图 7-19 中显示的 IPv4 DNS 服务器 IP。单击"确定"按钮，IP 地址设置完成，如图 7-21 所示。

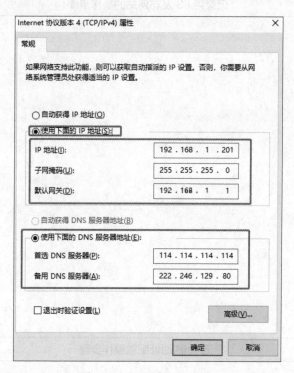

图 7-21　配置系统 IP 地址

计算机所在的网络不同，IP 地址也会不同，在同一局域网内每台计算机的 IP 地址不能相同。

📚 任务实施

（1）通过对知识链接部分的学习，请同学们完成任务工作单 7-1。

任务工作单 7-1

组号：　　　　　　姓名：　　　　　　学号：

记录 IIS 安装步骤

（2）请同学们使用 IIS 发布"大美湘西"网站。在本机上浏览网站，然后使用网络中的多台计算机浏览网站，验证网站发布是否成功，并完成任务工作单 7-2。

任务工作单 7-2

组号：　　　　　　姓名：　　　　　　　　学号：

记录用 IIS 发布网站的操作步骤
记录 IP 地址配置操作步骤

评价反馈

评价表

任务编号	7	任务名称		网站发布		
组名		姓名		学号		
评价项目				个人自评	小组互评	教师评价
课程表现	学习态度（5分）					
	沟通合作（5分）					
	回答问题（5分）					
知识掌握	了解服务器的基本知识（5分）					
	掌握IIS的安装方法（5分）					
	掌握服务器IP地址的设置方法（5分）					
任务达成	正确安装IIS并验证成功（15分）					
	正确完成"大美湘西"网站的发布（15分）					
	正确使用首页网站默认文档（5分）					
	网站在本机能正常浏览（10分）					
	网站在其他计算机上能正常浏览（15分）					
	正确设置Windows系统的IP地址（10分）					
得分						
经验总结反馈建议						

参 考 文 献

[1] 姬莉霞,李学相,韩颖,等. HTML5+CSS3 网页设计与制作案例教程 [M]. 北京：
清华大学出版社，2020.

[2] 汪婵婵，徐兴雷. Web 前端开发任务驱动式教程（HTML5+CSS3+JavaScript）
[M]. 北京：电子工业出版社，2020.

[3] 黑马程序员. HTML5+CSS3 网页设计任务驱动教程 [M]. 北京：高等教育出
版社，2020.

[4] 颜修平，陈承欢，汤梦姣. HTML5+CSS3 网页设计与制作实战 [M]. 北京：
人民邮电出版社，2021.

[5] 李敏. 网页设计与制作微课教程 [M]. 北京：电子工业出版社，2021.